Lumi Alieni

Biologia, Societatea și Spiritualitatea
Dincolo de Pământ

Dan Desmarques

22 Lions

Lumi Alieni: Biologia, Societatea și Spiritualitatea Dincolo de Pământ

Scris de Skye Alden

Index

Introducere

Imaginați-vă că depășiți limitele cerului și descoperiți forme de viață care surprind și inspiră. Lumi Alieni: Biologia, Societatea și Spiritualitatea Dincolo de Pământ vă invită să cunoașteți ființe și societăți din lumi total diferite de a noastră. Viața acolo nu se rezumă la supraviețuire; ea curge într-un ritm de respect și echilibru care pătrunde totul. Veți întâlni creaturi modelate de locuri ciudate și comunități construite pe baza cooperării și a obiectivelor comune.

În aceste povești, tehnologia merge mână în mână cu natura. Progresul nu luptă împotriva lumii, ci lucrează împreună cu ea. Aceste lumi arată viața susținând viața, fiecare parte ridicându-le pe celelalte. Cultura, arta și muzica înfloresc în moduri care depășesc așteptările noastre. Spiritualitatea curge aici din iubire și conexiune, nu din frică sau control. Aceste povești extraterestre ne cer să ne vedem diferit și să ne regândim modul în care trăim și ce înseamnă cu adevărat să fii viu.

Dacă vă întrebați ce poate exista acolo sau doriți o nouă modalitate de a privi viața, această carte vă oferă o explozie blândă de minuni. Vă invită să vă deschideți inima și mintea, să imaginați dincolo de obişnuit. Lumi Alieni nu tratează doar viaţa dincolo de Pământ; vă invită să vă lărgiţi viziunea asupra propriei vieţi.

Capitolul 1: Introducere în viața extraterestră

De la începutul gândirii umane, ne-am uitat la cerul nopții și am simțit ceva mișcându-se în interiorul nostru: o întrebare mai vie decât simpla curiozitate. Există viață acolo? Dincolo de mica noastră planetă, undeva departe, orbitând în jurul unui soare care se stinge, există ființe ca noi? Această întrebare a semănat mințile și inimile multora, traversând granițele științei, mitului și spiritului. Pentru unii, nu este doar o idee, ci o amintire sau un sentiment, un șoaptă de contact cu ceva dincolo de limitele Pământului.

Istoria consemnează voci care au vorbit despre astfel de întâlniri. Cuvintele lor au fost poate ignorate sau purtate de vântul scepticismului, dar ele deschid o ușă — chiar dacă mică — pentru ca noi să putem privi și vedea cât de departe se pot întinde ramurile vieții în vastitatea dincolo de cerurile noastre.

Luați, de exemplu, Emanuel Swedenborg, în secolul al XVIII-lea. El avea un picior în laborator și altul în lumea dincolo de vizibil.

Prin viziunile sale, el a descris locuri nu foarte diferite de ale noastre, dar pline de o înțelepciune și o pace împărtășite pe care Pământul încă le caută. Societățile din lumea cealaltă a lui Swedenborg nu numai că au supraviețuit, dar se mișcau cu un spirit de echilibru și claritate, ca și cum ar fi ecouat o adevăr nespus, ascuns chiar sub conștiința noastră.

Să avansăm până la mijlocul secolului al XX-lea: George Adamski intră în scenă și provoacă agitație printre cei care caută răspunsuri în ceruri. El afirma că a întâlnit vizitatori de pe Venus și de pe alte planete, ființe care aveau căldură în priviri și o cunoaștere mult mai profundă decât orice tehnologie existentă la acea vreme — și poate chiar și astăzi. Ei nu erau doar călători spațiali, ci mesageri care îmbinau știința și spiritualitatea.

Apoi, îl avem pe Edgar Cayce, „Profetul Adormit", ale cărui lecturi în transă ajungeau la rețeaua cosmică. Mesajul lui Cayce nu se limita la tărâmurile fizice, ci se împletea cu dansul conștiinței înseși. El vorbea despre ființe a căror existență juca un rol în marea desfășurare a conștiinței în întregul univers — un memento că istoria vieții merge mult dincolo de carne și oase.

Un fir conductor care traversează aceste povești este clar: viața dincolo de Pământ are multe fețe. Unele sunt energie pură, strălucitoare și vii în moduri invizibile. Altele par umanoide, nu pentru că ne imită, ci pentru că inteligența găsește adesea forme similare de comunicare și creștere. Multe au calități pe care noi nu le avem. Ele supraviețuiesc acolo unde nu ne putem imagina, fie învăluite în nori groși, fie plutind în vidul spațiului. Această diversitate ne face să ne întrebăm: ce înseamnă, de fapt, „a trăi"?

Adaptarea în aceste lumi nu se limitează la supraviețuire. Este creștere, evoluție și înflorire în condiții atât de ciudate pentru noi, încât ne surprind și ne inspiră. Ne provoacă definițiile limitate și ne invită să ne extindem mintea dincolo de ceea ce ne-a fost învățat.

Societățile descrise în aceste povești sunt adesea surprinzătoare. Rivalitățile și luptele pentru putere par ecouri îndepărtate, înlocuite de sisteme bazate pe respect reciproc și ajutor. Tehnologia beneficiază tuturor, ușurând povara, în loc să genereze conflicte.

Viața urmează un ritm lin, dar profund, țesut din valori împărtășite și înrădăcinate în iubire și cooperare. Aici, comunitatea nu este doar un cuvânt, ci o experiență trăită. Privește mai atent și vei descoperi o cultură vibrantă și conectată. Viețile curg în armonie cu ciclurile naturii, arta înflorește ca un limbaj al inimii și al spiritului, iar hainele onorează atât funcționalitatea, cât și frumusețea, cu respect pentru mediu. Mâncarea hrănește nu doar trupurile, ci și sufletele; mesele devin ritualuri, ceremonii care îmbină recunoștința față de pământ cu legătura dintre ființe. Mâncarea este un schimb sacru, un moment care apropie comunitatea și planeta.

Spiritul pulsează prin toate aceste elemente. Credința într-o conștiință comună invocă ritualuri care extind conștiința și încurajează bunătatea. Busola morală se bazează pe iubire și pe înțelegerea faptului că răul făcut cuiva se răspândește la toți. Această perspectivă remodelează modul în care vedem propria existență, ca o țesătură puternic împletită în care fiecare fir este important.

Privite în ansamblu, aceste povești fac mai mult decât să ne informeze. Ele ne invită să ne lărgim viziunea, să îmbrățișăm paleta vastă a vieții și să permitem diversității universului să trezească noi moduri de a vedea lumea. Ele contestă ceea ce pare stabilit despre biologie, societate și spirit, sugerând posibilități în loc de reguli fixe.

În timp ce trimitem nave și sonde în spațiu, în căutarea semnelor dincolo de lumea noastră, să permitem acestor voci să ocupe un loc în inimile noastre. Stelele nu sunt neapărat tăcute sau goale. Dimpotrivă, ele pot fi locuri pline de alte persoane — vecini care se apropie prin distanțe, oferind conexiune și creștere. În această extindere nelimitată, ne putem vedea ca parte a unei mari povești în dezvoltare, întinzând mâna și atingându-se prin ecranul spațiului și timpului.

Există o mare minune aici. Există o chemare. Există speranța că vom învăța să ascultăm la fel de mult pe cât privim, să deschidem nu doar ochii, ci și sufletele, și că vom descoperi nu străini, ci rude — alte scântei în vastul foc al existenței.

Capitolul 2: Diversitatea biologică și adaptarea

Universul se întinde în fața noastră, plin de nenumărate stele și planete. Fiecare lume are propria sa istorie, propriile condiții și, poate, propria sa viață. Oamenii care au trăit întâlniri ciudate sau au avut viziuni despre alte lumi împărtășesc povești care ne trezesc curiozitatea. Ei vorbesc despre forme de viață foarte diferite de cele pe care le cunoaștem pe Pământ și care sunt capabile să trăiască și să crească în locuri care par ostile sau imposibile. Aceste povești schimbă modul în care gândim despre viață, arătând că ea poate lua multe forme și poate supraviețui acolo unde nu ne-am imagina vreodată.

Un exemplu este Emanuel Swedenborg, un gânditor care a descris viziunile sale despre viața dincolo de Pământ. El a descris ființe care nu păreau umane. Unele păreau a fi făcute din lumină sau energie care curgea liber. Cuvintele sale sugerează că viața nu trebuie să urmeze regulile planetei Pământ, cum ar fi necesitatea unor corpuri bazate pe carbon sau a aerului pentru a respira. Viața poate apărea în nenumărate forme, oricare ar fi cea care se potrivește lumii pe care o numesc acasă.

George Adamski, cunoscut pentru afirmațiile sale că ar fi întâlnit vizitatori de pe alte planete, adaugă o altă dimensiune acestui tablou. Ființele pe care le-a descris de pe Venus nu erau doar fizice; erau rafinate, cu simțuri mai ascuțite decât ale noastre și comunicau fără să vorbească. Corpurile lor deveniseră puternice și flexibile pentru a face față condițiilor foarte diferite de cele terestre: aer, gravitație și chiar niveluri de radiații diferite. Aceste caracteristici nu au apărut la întâmplare, ci au fost modelate de mediile în care trăiau. Ele arată că viața se poate adapta și transforma pentru a face față provocărilor sau oportunităților pe care niciun ființă vie de aici nu le-a cunoscut.

Există, de asemenea, Edgar Cayce, ale cărui lecturi ajungeau adesea la adevăruri spirituale și fizice. El credea că viața în alte locuri nu se schimbă doar în exterior. Spiritul, conștiința și creșterea conștiinței joacă, de asemenea, un rol important. Cayce a afirmat că clima și condițiile specifice fiecărei planete influențează atât corpurile, cât și sufletele locuitorilor săi, impulsionând evoluția către noi niveluri. Această viziune prezintă un scenariu în care forma fizică și creșterea spirituală merg mână în mână, influențându-se reciproc.

Ascultând aceste relatări, un lucru devine clar: viața în afara Pământului trebuie să fie adaptabilă. Unele ființe pot trăi acolo unde aerul este dens și greu, în condiții care ne-ar duce la asfixiere sau moarte. Sistemele lor respiratorii și corpurile lor funcționează diferit, ceea ce le permite să existe confortabil. Altele pot să nu aibă nevoie de aer, plutind în spațiu ca forme de energie pe care le definim cu dificultate. Această viață nu numai că ar supraviețui, ci ar înflori în moduri pe care poate nu ni le-am imaginat niciodată.

Această adaptabilitate nu se limitează la corp. Lumi diferite aduc provocări diferite, iar civilizațiile evoluează pentru a le face față. În locuri cu radiații ridicate, unele ființe pot folosi scuturi naturale sau pot purta apărări țesute în propriile celule. În lumi în care hrana și apa sunt rare, societățile învață să recicleze și să-și mențină mediul sănătos pentru generații. Cultura, tehnologia și biologia se întrepătrund, fiind modelate de cerințele planetei.

Toate aceste povești ale vizionarilor și ale celor care au intrat în contact cu extratereștrii dezvăluie un vast câmp de minuni. Ele ne determină să regândim vechile idei despre cum ar trebui să fie sau să se comporte viața. Ne invită să ne imaginăm posibilități mult mai largi, că viața, în orice colț al cosmosului, poate fi la fel de variată ca și stelele. Această înțelegere ne poate oferi o bază, amintindu-ne cum viața de pe propria noastră planetă a reușit să supraviețuiască și să se transforme de-a lungul timpului.

Pe scurt, descrierile vieții dincolo de Pământ oferă mult mai mult decât simple povestiri ciudate. Ele ne lărgesc noțiunea despre ceea ce poate fi viața. Ne arată cât de flexibilă și rezistentă este viața, capabilă să se dezvolte în moduri care sfidează presupunerile științei. Pe măsură ce privim mai adânc în spațiu și reflectăm asupra acestor relatări, ele ne încurajează să rămânem curioși și deschiși. Viața este mai mult decât conțin manualele noastre: un univers vast și viu, care așteaptă să fie explorat, înțeles și respectat la multe niveluri noi.

Universul este plin de oportunități pentru ca viața să apară, să se schimbe și să se dezvolte în moduri pe care poate nu le-am imaginat niciodată. Ascultându-i pe cei care ne oferă o privire asupra acestor alte lumi, ne amintim de puterea și frumusețea vieții înseși. Este o forță care depășește granițele și însăși știința și istoria, transformându-se mereu în ceva nou. Aceasta este o adevăr puternic pe care trebuie să-l păstrăm în minte în timp ce privim spre cer, pregătiți pentru orice ar veni.

Capitolul 3: Structuri sociale în alte lumi

Când oamenii vorbesc despre alte lumi și despre modul în care trăiesc ființele acolo, se întâmplă ceva curios. Imaginile pe care le descriu par, în același timp, ciudate și familiare. Cei care afirmă că au întâlnit sau au aflat despre creaturi din afara Pământului descriu adesea structuri sociale diferite de cele cu care suntem obișnuiți. Aceste relatări ne permit să întrezărim vieți modelate de planete, valori și căi de dezvoltare diferite de ale noastre, fie că sunt legate de unelte și mașini, de spirit sau de cultură. A lua în considerare aceste povești face mai mult decât să ne distreze imaginația. Ele ne fac să reflectăm asupra noastră, asupra modului în care ne organizăm societățile și asupra a ceea ce contează cu adevărat.

Ceea ce iese în evidență în primul rând este următorul lucru: aceste grupuri extraterestre par să-și construiască viețile în jurul muncii în echipă, și nu unele împotriva altora. În multe lumi, impulsul de a controla sau domina trece pe plan secund. Auzim despre comunități în care justiția și grija reciprocă sunt la ordinea zilei. Oamenii nu acționează doar din competiție sau interes propriu. Par conectați printr-un fel de înțelegere mai profundă, un sentiment de unitate care îndreaptă atenția de la individ către grupul în ansamblu. Modul lor de a gândi și de a fi provine dintr-un nivel de conștiință mult mai profund decât simpla supraviețuire sau lupta pentru poziție.

Multe relatări ne spun că aceste civilizații au avansat dincolo de ceea ce numim tehnologie, nu doar în sensul de aparate sau mașini noi, ci în esența lor. Adevăratul progres constă în modul în care trăiesc împreună. Educația, de exemplu, este ceva pe care îl tratează cu mare atenție. Copiii nu doar își umplu mintea cu fapte. Ei își hrănesc și spiritul. Acest mod de învățare ajută oamenii să descopere ceea ce îi face speciali. Îi încurajează pe toți să împărtășească darurile lor unice cu comunitatea. Scopul nu este de a separa oamenii, ci de a-i uni, formând un întreg puternic și viu în care individul și grupul cresc împreună.

O altă idee adesea menționată este că locuitorii acestor locuri nu se agață de vechile idei umane despre gen și rolurile familiale. Cutiile rigide pe care le cunoaștem nu se aplică acolo. Conexiunea curge din respect și spirit, nu din biologie sau reguli sociale stabilite. Această libertate construiește o cultură în care autoexprimarea poate lua multe forme. Modul în care se relaționează depășește așteptările noastre, dezvăluind o mentalitate care apreciază atât ceea ce există între oameni, cât și ceea ce se află în interiorul lor. Rolurile fixe și categoriile vechi își pierd puterea în aceste povești.

Respectul pentru planeta natală este un temă vitală în multe dintre aceste povestiri. Societățile descrise trăiesc în armonie cu lumea, fără a lupta împotriva naturii. Contactul lor cu pământul este ușor. Ei se preocupă profund de menținerea integrității și echilibrului mediului înconjurător. Comunitățile sunt organizate având în vedere această reverență, onorând planeta și toate creaturile sale. Tehnologia servește naturii, fără a se separa de ea. Ei folosesc doar ceea ce au nevoie, fără a lăsa reziduuri. Acest respect arată o unitate profundă, în care viața socială și lumea sunt părți ale unui mare flux viu.

Adaptabilitatea transpare și în descrieri. Lumile locuite de aceste ființe pot fi ostile, cu climă ciudată și elemente care sfidează viața așa cum o cunoaștem noi. Prin urmare, sistemele lor sociale se adaptează și se flexionează pentru a se potrivi acestor condiții. Oamenii nu se limitează la a rezista: ei înfloresc în mijlocul schimbărilor. Structurile lor respiră viață, schimbându-se atunci când este necesar și acceptând fluxul neprevăzutului ca parte a existenței.

Aceste povești, povestite de cei care afirmă că au fost martori la astfel de civilizații, extind ceea ce credem că este posibil. Ele transcend ideile noastre obișnuite despre putere, control și ordine. În schimb, ele arată vieți construite pe cooperare, respect și o legătură strânsă cu natura. Când privim spre stele și ne întrebăm despre viața dincolo de Pământ, aceste relatări ne aduc speranță și ne arată ceva nou. Ne arată că viața poate urma multe căi, schimbându-se și crescând în moduri pe care abia le putem imagina.

A privi modurile sociale de a fi ale ființelor din alte lumi este mai mult decât o simplă curiozitate. Ne face să reflectăm asupra modului în care trăim aici și asupra lecțiilor pe care le putem învăța. Imaginați-vă cum ar putea fi comunitățile noastre dacă am îmbrățișa, la scară mai mare, ideile de grijă reciprocă și echilibru. Ce s-ar întâmpla dacă ne-am deschide către un sentiment mai amplu de conexiune și sprijin?

În cele din urmă, poveștile despre societățile din afara Pământului nu sunt doar fantezii sau vise. Ele aduc mesaje și întrebări și deschid uși. Ne invită să depășim limitele care ne restricționează gândirea și să ne deschidem către frumusețea simplă a diferitelor moduri în care viața poate găsi armonie și prosperitate. Pe măsură ce umanitatea se extinde pentru a explora spațiul, aceste idei șoptesc o adevăr tăcut: viața este minunat de variată și are o capacitate infinită de schimbare. Viitorul modului în care vom trăi împreună poate fi mai strălucitor și mai conectat decât îndrăznim să sperăm.

Capitolul 4: Sisteme culturale și stiluri de viață

Imaginați-vă că mergeți dincolo de poveștile obișnuite pe care le auzim despre alte lumi și locuitorii lor. Ce-ar fi dacă aceste ființe, atât de des descrise ca fiind ciudate sau îndepărtate, ar trăi în moduri care ar dezvălui ceva mai profund și mai fundamentat? Ascultând experiențele celor care susțin că au intrat în contact cu ele — acești vizionari și călători între lumi —, putem avea o viziune a unor vieți modelate de echilibru și semnificație, departe de agitația celor mai aglomerate orașe de pe Pământ.

Imaginați-vă zilele nu ca o goană, ci ca un dans. În loc să alergați dintr-un loc în altul, multe relatări împărtășesc un ritm diferit, strâns legat de fluxurile naturale, de calea soarelui, de fazele lunii și de schimbarea blândă a anotimpurilor. Aceste ritmuri modelează totul, de la muncă la odihnă, de la pregătirea meselor la modul în care comunitățile se adună. Obisnuitul devine sacru. Gătitul devine un moment de prezență; arta nu mai este doar decor, ci devine un limbaj al sentimentelor și al spiritului. Chiar și tehnologia se contopește cu această mentalitate, fiind creată ca o extensie a atenției depline, și nu ca un progres irațional.

Comunitatea este inima multora dintre aceste povești. Există un puternic sentiment de apartenență și grijă reciprocă, sentimentul că bunăstarea fiecărei persoane este foarte importantă. Întâlnirile sunt frecvente, fie pentru a omagia vedetele, a marca o recoltă sau a sărbători o realizare colectivă. Oamenii se adună cu muzică și dans nu doar pentru a se distra, ci și pentru a-și deschide sufletul și a-și aminti legăturile care îi unesc. Aceste evenimente oferă reflecție și învățare, momente în care viața încetinește suficient pentru a permite o viziune mai profundă.

Arta și muzica ocupă un loc foarte special. Imaginați-vă o artă care transcende pânza sau sculptura — o artă care se joacă cu lumina, sunetul și chiar gândirea. Uneori, operele creative nu sunt doar văzute sau auzite, ci simțite, ca și cum mintea și inima s-ar apropia prin aceste expresii. Muzica în aceste societăți poate fi complexă și, în același timp, relaxantă, purtând straturi de sentimente și spiritualitate. Creativitatea este adesea un proces împărtășit, o formă de conectare, țesând darurile individuale într-un întreg mai mare și viu.

Învățarea construiește baza creșterii. Încă din copilărie, oamenii din aceste culturi sunt încurajați să-și deschidă toate părțile sinelui: mintea, inima și spiritul. Educația este continuă, o călătorie de-a lungul vieții, nu o listă de sarcini sau o cursă pentru a ajunge primul. În fiecare zi, există șansa de a te înțelege mai bine, nu doar în ceea ce privește faptele, ci și în ceea ce privește vastul univers și locul fiecăruia în el. Cunoașterea servește comunității și istoriei vieții proprii, nu doar individului.

Respectul pentru lumea de sub picioare este evident. Poveștile celor contactați descriu adesea ființe care se mișcă ușor pe planetele lor și au grijă de pământ, în loc să extragă din el mai mult decât poate oferi. Agricultura lor este în armonie cu ciclurile naturale, producând alimente care hrănesc fără a provoca daune. Tehnologia reflectă această grijă: este proiectată pentru a susține viața, niciodată pentru a o distruge. Există aici o înțelegere că toată viața crește dintr-o rețea de relații delicate și interconectate.

Aceste viziuni nu doar pictează imagini ale unor lumi extraterestre. Ele sunt o oglindă pentru noi, aici pe Pământ. Ele ne fac să ne regândim ce poate deveni cultura atunci când se dezvoltă din atenție, conexiune și respect pentru ritmurile vieții. Când privim spre stele și spre posibilități, aceste povești ne îndreaptă privirea și spre interior, invitându-ne la schimbare. Dacă alte civilizații pot găsi armonie și sens pe planetele lor, de ce nu am putea și noi?

Universul, văzut prin aceste experiențe, este un loc plin de moduri de a trăi cu profunzime. Ne invită să ne amintim că progresul nu necesită distrugere, că comunitatea este o forță și că orice rutină are potențialul de a fi grațioasă. Când luăm în considerare aceste idei, vastul necunoscut pare puțin mai aproape, iar călătoria noastră către o viață echilibrată capătă o nouă speranță.

Există o putere tăcută în aceste viziuni, o încurajare blândă că viața poate fi mai conectată, mai ponderată, mai completă. Aceste relatări vorbesc într-un mod discret, dar impactant, și ne reamintesc că, dincolo de stele, pot exista nu doar alte ființe, ci și alte forme de existență. Forme care ne invită să ascultăm, să învățăm și să creștem dincolo de limitele a ceea ce credeam că este posibil.

Capitolul 5: Îmbrăcăminte și modă

Îmbrăcămintea și moda dintre ființele din alte lumi zugrăvesc un tablou foarte diferit de experiența noastră cotidiană. Cei care afirmă că au contact cu civilizații extraterestre împărtășesc adesea povești care dezvăluie că aceste ființe nu se îmbracă doar din motive funcționale, ci și ca o expresie mai profundă a esenței lor. Este un amestec animat de cultură, mediu și spiritualitate împletit în țesătura hainelor lor. Ceea ce noi vedem ca haine simple, ei înțeleg ca un limbaj, un simbol, chiar o punte către mediul înconjurător. Acest lucru ne invită să ne extindem viziunea asupra a ceea ce pot fi cu adevărat hainele.

Un lucru care atrage imediat atenția este varietatea materialelor pe care aceste ființe le utilizează. Țesăturile terestre provin în principal de la animale, plante și fibre artificiale. Acolo, în afară, este diferit. Unele piese sunt făcute din substanțe cristaline care strălucesc ca pietrele prețioase. Altele strălucesc cu fire luminoase, curgând ca energia pură și schimbându-și culoarea și forma, părând vii. Nu sunt doar frumoase, ci sunt proiectate să protejeze pe cei care le poartă de climă adversă, să mențină temperatura ideală la suprafața corpului și chiar să se sincronizeze cu dispozitivele pe care le poartă. Materialele se adaptează perfect lumii lor, combinând frumusețea și practicitatea.

Stilul acestor haine spune și povești. Adesea, piesele își pot schimba forma, devenind mai lungi sau mai scurte, mai strâmte sau mai largi, în funcție de nevoile celui care le poartă. Imaginați-vă o jachetă care se strânge pentru a proteja împotriva radiațiilor și apoi se relaxează, transformându-se într-o tunică ușoară când pericolul trece. Secretul pare să fie capacitatea de a se reorganiza la cel mai basic nivel, în care atomii și moleculele se mișcă ca niște dansatori care urmează instrucțiunile unui maestru. Se spune chiar că aceste haine respiră, cresc sau se repară, aproape ca niște ființe vii care merg alături de cei care le poartă.

Culorile sunt exuberante în garderoba lor. Nuanțe strălucitoare și mutante presară și se învârt, reflectând uneori starea de spirit a celui care le poartă. Modelele geometrice pulsează cu semnificație; formele lor nu sunt aleatorii, ci reprezintă idei, clanuri sau emoții. Imaginile plutesc ca holograme pe țesătură, uneori spunând povești sau împărtășind sentimente fără cuvinte. A le purta este ca și cum ai purta un panou publicitar personal care vorbește în tăcere, dar cu putere, către alte persoane din comunitate. În aceste expoziții animate, poziția socială, legăturile familiale și gândurile ascunse devin vizibile.

Hainele lor au mai mult decât aspect și utilitate; multe dintre ele au o semnificație spirituală. Simboluri sacre, fluxuri energetice sau chiar mici forme de viață încorporate în țesătură conferă un sens mai profund actului de a se îmbrăca. Purtarea acestor costume poate fi un ritual, o formă de a intra în contact cu cosmosul sau de a accesa îndrumarea spirituală. Aceste haine nu servesc doar pentru a proteja corpul; ele adăpostesc sufletul, hrănesc conștiința și conectează pe cei care le poartă la ceva mai mare decât ei înșiși. Îmbrăcarea devine astfel o practică zilnică de respect și atenție deplină.

Confecționarea acestor haine este, de asemenea, diferită. În loc să fie o linie de producție în masă, este adesea un proces colectiv și împărtășit. Membrii comunității se adună, fiecare contribuind cu abilitățile, poveștile și rugăciunile sale. Astfel, actul de a crea se transformă într-o formă de artă și devoțiune. Fiecare punct sau îmbinare de fibre poartă o intenție, onorând legăturile dintre formele de viață și univers. Este o celebrare a conexiunii și a creației de ceva de îmbrăcat.

Reflectarea asupra acestor idei deschide o ușă. Ne duce dincolo de viziunea tipică asupra modei ca fiind doar țesături și design. Poveștile oamenilor care călătoresc printre stele dezvăluie o practică mult mai bogată, în care hainele pe care le purtăm pot avea semnificație, putere, suflet, pe lângă frumusețe și practicitate. Ele ne invită să privim hainele noastre nu doar ca pe ceva care ne acoperă, ci ca pe o reflectare vie a ceea ce suntem și a modului în care ne raportăm la lumea din jurul nostru.

Ca exploratori ai necunoscutului, fiecare detaliu nou despre aceste culturi îndepărtate ne amintește cât de diversă poate fi viața. Cu toate acestea, ne invită și la ceva mai apropiat de casă: un apel la a onora Pământul, pe ceilalți și misterul care ne unește. Poate că, dacă ascultăm aceste șoapte îndepărtate, vom găsi modalități de a ne îmbrăca cu mai multă grijă și de a crea și purta haine care transmit semnificație, rezervând un loc pentru sacru în viața noastră de zi cu zi.

Astfel, hainele nu mai sunt doar un strat peste piele, ci devin un fir care țese istoria continuă a existenței. Universul este vast și bogat, plin de povești care așteaptă să fie descoperite. Când ne deschidem ochii și inimile către ceea ce poartă ceilalți și motivul pentru care o fac, ne apropiem puțin mai mult de înțelegerea locului nostru în marele dans.

Din această perspectivă, moda nu este doar superficială: este un limbaj viu, plin de conexiuni, spirit și posibilități infinite de exprimare. În ea putem găsi noi căi de urmat, bazate pe respect, creativitate și pulsul comun al întregii vieți.

Capitolul 6: Alimentație și nutriție

Mâncarea din afara Pământului trezește în noi o curiozitate profundă. Poveștile celor care afirmă că au întâlnit ființe din alte lumi ne arată noi forme în care ființele vii se hrănesc, se nutresc și chiar se conectează cu viața, în moduri ciudate și frumoase. Pe aceste planete îndepărtate, a mânca nu înseamnă doar a umple stomacul. Poate fi artă, poate fi spirit, o parte din însăși sufletul lumii, modelat de particularitățile planetei și de inima culturii.

Gândiți-vă la asta: pe Pământ, mâncarea noastră provine în principal din animale și plante, suspecții obișnuiți. În afară, însă, este un scenariu cu totul diferit. Imaginați-vă alimente făcute din forme cristaline care strălucesc sub soare extraterestre. Sau plante care strălucesc ușor, ca niște stele mici, așteptând să fie gustate. Și mai sălbatic, unele ființe depind de alimente care sunt pură energie, capabile să hrănească simultan corpul și spiritul. Aceste alimente sunt ciudate pentru noi, dar au un echilibru care menține viața în aceste lumi: un amestec de nutrienți cu ceva ce încă nu înțelegem pe deplin.

Modul în care aceste ființe își prepară și mănâncă mesele dezvăluie multe despre natura lor. Mâncarea nu este ceva care trebuie înghițit în grabă. Este sacră, consumată încet și conștient. Poate fi o ceremonie, o meditație. În unele povești, gătitul este o practică aproape ca o rugăciune, în care fiecare pas este onorat și fiecare aromă este apreciată în tăcere sau în conversații suave. Tehnologia face parte din acest proces, nu într-un mod rece și mecanic, ci ca un instrument pentru a dezvălui vitalitatea mai profundă a ceea ce mănâncă. Mesele devin mai mult decât gustoase: ele vindecă, restaurează și chiar înalță.

Mesele au loc de obicei în grup, unde împărtășirea depășește simplul obicei. Este o modalitate de a uni inimile și mințile. A mânca împreună consolidează prietenia, comunitatea și încrederea. Aceste scene sunt calde și vibrante, ca un dans al vocilor, culorilor și speranței împărtășite. Mâncarea devine o punte între suflete. Este un dans în care fiecare înghițitură are o semnificație și fiecare fel de mâncare aduce un zâmbet care circulă în cerc.

În plus, există magia gustului în sine. Aceste feluri de mâncare exotice nu sunt doar gustoase. Ele surprind și încântă în moduri pe care limbile noastre nu le-au experimentat niciodată. Aromele pot fi intense sau delicate, emoționante sau liniștitoare, ca o melodie care se transformă cu fiecare notă. Unele mese par tablouri vii, strălucitoare și transformându-se de îndată ce ajung pe buze. Această minune senzorială provine, în parte, din instrumente care modifică formele moleculare ale alimentelor, stimulând toate simțurile. Nu este vorba doar de nutriție, ci de o experiență.

Modul în care aceste ființe se hrănesc reflectă și modul în care se mențin puternice și echilibrate. Alegerile lor alimentare satisfac mai mult decât nevoile corpului; ele satisfac sufletul. Dietele sunt elaborate cu atenție pentru a lua în considerare modul în care fiecare formă de viață se mișcă, gândește și simte. Imaginați-vă o masă pregătită special pentru dvs. în fiecare zi, care se schimbă în funcție de fluxul energiei dvs. și este ajustată de o tehnologie care vă citește starea și se adaptează ca un busolă blândă. Este o artă vie care hrănește sănătatea și spiritul împreună.

Privind această imagine vie, devine clar că mâncarea extraterestră promite mult mai mult decât arome ciudate. Ne invită să regândim ce înseamnă să mănânci pe Pământ. Mâncarea noastră este medicament, ritual și bucurie în același timp, deși uneori este ascunsă sub grabă și obișnuință. Poate că aceste povești ne cer să încetinim și să găsim armonie în modul în care mâncăm. Este o modalitate de a onora legătura pe care o împărtășim cu Pământul, cu ceilalți și cu viața fragilă care se întrețese cu toate ființele vii, vizibile sau invizibile.

Explorarea mâncărurilor din alte lumi este un memento că viața nu se încadrează niciodată perfect în categoriile noastre. Ne oferă lecții de deschidere, creativitate și respect. Când le ascultăm, vedem cum mâncarea poate fi mai mult decât combustibil: poate fi o cale către conexiune, vindecare, celebrare. Indiferent care sunt aceste bucătării îndepărtate, reale sau simbolice, mesajul lor ne invită să considerăm mesele noastre sacre și să trăim în ritm cu lumea.

Așadar, data viitoare când veți mânca, opriți-vă pentru un moment. Imaginați-vă mâncarea ca o prezență vie, parte a unei mari conversații cu universul. Simțiți energia în mâinile voastre, istoria în gura voastră. Mâncarea poate fi cea mai mică dintre binecuvântări, o mică rebeliune împotriva separării. Ne amintește că toți aparținem profund acestui dans al vieții pe Pământ și dincolo de el.

Capitolul 7: Religie și practici spirituale

Prin întinderea tăcută a stelelor, unde ochii pământești abia ajung, ajung povești despre ființe care călătoresc între lumi. Aceste povești poartă o lumină care ne apropie de înțelegerea modului în care viața — ciudată și necunoscută — se manifestă în dansul spiritului și al semnificației care transcende planeta noastră natală. Ele povestesc cum alți oameni ating sacrul în viața lor de zi cu zi, împletindu-l cu însăși esența a ceea ce sunt. Aici, spiritul nu se reduce la un set de reguli sau ceremonii. Este însăși viața, un puls constant care curge prin cultura, gândurile și ființa lor.

Ceea ce atrage cel mai mult atenția este modul în care această viață spirituală pare diferită de căile înguste pe care le urmăm aici. Nu există un fir conductor sau o formă fixă. În schimb, acești vecini cosmici par să deschidă o vastă pânză pe care expresia spirituală înflorește liber. Ei ne încurajează să slăbim controlul asupra a ceea ce considerăm religie și ne cer să privim în jur și să ne imaginăm o spiritualitate fără legături, vie, plină de posibilități și care se extinde mult dincolo de ceea ce ne-am putea aștepta.

Un fir conductor între multe este ideea unei conștiințe care nu se limitează la un singur ființă, ci se extinde în valuri care ating toate ființele vii. Nu este vorba despre cine suntem ca ființe separate, ci despre marea rețea care ne unește pe toți. Ființele din aceste lumi îndepărtate vorbesc despre o conștiință comună — o cunoaștere a faptului că universul însuși este viu și respiră și că ele fac parte din acest întreg viu. Ele accesează această senzație prin mintea lor, extinzându-se ca fire de lumină pentru a se conecta nu numai între ele, ci și cu mintea universală însăși.

Această conexiune nu este rece sau distantă, ci plină de căldură și afecțiune. Comunicarea curge în tăcere, mai des prin telepatie decât prin voce, și transportă nu doar cunoaștere, ci și o iubire profundă și neexprimată. Imaginați-vă o lume în care învățarea înțelepciunii este la fel de naturală ca respirația, în care fiecare gând este un dar împărtășit și fiecare sentiment, un ecou trimis de vastul ocean cosmic.

Viețile lor spirituale cântă, de asemenea, împreună cu muzica lumilor lor. Ritualuri și ceremonii ies din pământ, din vânt și din ritmul stelelor care strălucesc pe cer. Aceste practici sunt la fel de variate ca și planetele însele. Uneori, se adună în grupuri, unind voci, corpuri și instrumente. Ei creează spații care vibrează cu culori, lumini și sunete, unde se produc vindecarea și transformarea. Modele geometrice sculptate în spațiu devin sanctuare care răsună cu unde armonice, provocând schimbări în conștiință. Mișcarea și arta se amestecă cu învățăturile, iar sacrul curge nu numai în cuvinte, ci și în dans și cântec.

Tehnologia joacă, de asemenea, un rol foarte diferit de al nostru. Departe de a înlocui spiritul, instrumentele avansate servesc ca punți pentru a ajuta în călătoriile interioare și pentru a extinde câmpurile percepției. Cristalele vibrează cu energie, iar lumina se curbează și se răsucește pentru a deschide uși invizibile ochilor umani. Aceste instrumente sunt respectate, atinse cu reverență și manipulate cu grijă. Sunt cadouri împărtășite, nu pentru a obține putere, ci pentru a crește, pentru a explora dimensiuni interne și externe și pentru a uni comunitatea în admirație și recunoștință.

Ghizi și profesori merg printre ei, dar acești lideri nu comandă și nu guvernează. Ei merg alături, oferind o mână și o oglindă și ajutându-i pe ceilalți să-și găsească propria cale în acest mister vast și în dezvoltare. Nu există un singur guru sau maestru deasupra celorlalți, ci un colectiv de căutători care se inspiră reciproc să meargă mai departe. Educația este însăși viața: un avans continuu spre înțelegere, căutând mereu o viziune mai completă asupra existenței și a locului sinelui în ea.

În centrul căii lor se află insistența asupra iubirii, compasiunii și angajamentului față de serviciu. Acestea nu sunt simple concepte, ci principii vii care modelează fiecare aspect al societăților lor. A servi pe ceilalți este văzut ca un act nobil care hrănește atât pe cel care dă, cât și pe cel care primește. Fiecare individ este încurajat să contribuie cu darurile sale unice, conștient că nimeni nu prosperă singur în acest cântec cosmic. Armonia, cooperarea și bunătatea unesc comunitățile și le impulsionează într-o călătorie comună.

Când privim aceste povești, vedem o tapiserie mult mai mare decât viziunea noastră obișnuită. Ele ne cheamă să ne schimbăm perspectiva și să ne deschidem inimile și mințile către posibilitățile mai largi ale spiritului. Chiar dacă nu înțelegem pe deplin aceste experiențe, ele ne amintesc de bogăția care ne așteaptă în vastul tăcere dincolo.

Poate că cel mai mare dar al acestor povești este provocarea pe care ne-o prezintă. Nu este vorba de a imita de la distanță, ci de a învăța: de a ne întoarce spre interior, de a percepe ritmul vieții din jurul nostru și de a recunoaște firele care ne leagă de toate ființele. Trebuie să ne întrebăm cum am putea trăi cu mai multă deschidere, bunătate și simț al unității. Aceste fragmente din alte vieți ne invită să ne țesem propria călătorie spirituală cu mai multă grijă. Ele ne amintesc că istoria noastră face parte dintr-o desfășurare infinită și că sacrul nu este niciodată departe, chemându-ne mereu acasă.

Capitolul 8: Dragoste și relații

Dragostea dintre ființe din alte lumi are o melodie diferită. Nu este vorba doar de sentimentele sau emoțiile pe care le cunoaștem aici, pe Pământ. Este ceva mai profund. Este legat de creșterea și de modul în care aceste ființe se raportează între ele, cu comunitățile lor și cu universul. Poveștile împărtășite de cei care au întâlnit civilizații extraterestre descriu iubirea ca pe ceva viu și vital, împletit în însăși țesătura existenței și modelând dansul conexiunilor în moduri necunoscute nouă.

Imaginați-vă o iubire care nu începe cu cuvinte sau atingeri, ci cu o rezonanță profundă în suflet. O armonie de energii, o întâlnire de scopuri care transcende romantismul și atracția. Mulți contactați vorbesc despre relații în care două ființe recunosc frecvențele spirituale una a celeilalte. Este o conexiune care pare completă și plină, ghidându-i pe amândoi spre creștere și slujire. Formele fizice pot fi foarte diferite, dar legătura este clară și puternică. Aceste ființe împărtășesc adesea gânduri și sentimente direct prin telepatie, ocolind distanțele și neînțelegerile. Există un schimb constant de energie, înțelepciune și afecțiune, care curge liber și hrănește fiecare partener la niveluri imposibil de înțeles pe deplin de către oameni.

Relațiile de pe planete îndepărtate iau forme diferite de ale noastre. Ele nu sunt legate de standardele pe care le cunoaștem. Partenerii se pot uni în grupuri sau perechi, schimbându-se în mod natural pentru a satisface nevoile fiecăruia. Aceste uniuni sunt construite pe baza respectului și cooperării, nu a posesiei sau controlului. Responsabilitățile sunt împărțite. Resursele curg acolo unde sunt mai necesare. Imaginați-vă comunități în care iubirea este larg răspândită și creează rețele de sprijin fără gelozie sau frică. Multiple conexiuni se întrepătrund, formând cercuri de îngrijire care hrănesc fiecare persoană. Există libertate în această deschidere, o libertate care promovează încrederea și întărește legăturile.

Una dintre cele mai surprinzătoare lecții din aceste povești este absența geloziei. Aceste gheare dureroase ale posesivității sunt văzute ca blocaje care împiedică inimile să se deschidă cu adevărat. În schimb, iubirea este practicată ca o artă a expansiunii. Fiecare relație este o reflectare unică a unei tapiserii mai mari și divine. Oamenii din aceste culturi sunt încurajați să privească în interior, să-și înțeleagă tiparele emoționale și să elibereze ceea ce nu contribuie la creștere. Astfel, iubirea devine un act sacru, o practică zilnică de vindecare și învățare. Acest lucru face ca indivizii să evolueze și să dea înapoi nu doar unui partener, ci întregii comunități și fluxului cosmic mai mare.

Această viziune cosmică a iubirii transcende aspectul personal, îmbrățișând întreaga viață. Pentru multe civilizații extraterestre, iubirea este o forță puternică care ghidează expansiunea conștiinței și echilibrul existenței. Ea este prezentă în acte de bunătate, creativitate și serviciu altruist. Fiecare ființă contribuie cu abilitățile și talentele sale, țesând o armonie colectivă. Energia iubirii curge prin ei, aliniindu-se unui scop universal care susține și hrănește totul, de la cea mai mică creatură până la planete întregi. Iubind, atingem această dans mai mare, ducând viața mai departe spre unitate și pace.

Armonia și echilibrul mențin aceste societăți puternice. Ele apreciază sprijinul reciproc mai presus de toate. Relațiile încurajează cooperarea, partenerii lucrând cot la cot pentru a construi vieți semnificative și pline de respect. Tehnologia și sistemele sociale susțin de obicei comunicarea și schimbul deschis, creând spații sigure în care se înrădăcinează încrederea. În aceste medii, iubirea poate crește liber, alimentată de siguranță și înțelegere.

Povești ca acestea ne invită să ne regândim convingerile despre iubire. Ele arată că legătura merge mult mai departe de emoție sau obiceiuri culturale. Dincolo de stele, iubirea apare ca o forță vie și pulsantă care leagă toate lucrurile, invitându-ne să ne deschidem mintea și inima. Aceste viziuni ne cer să privim viața cu o conștiință mai profundă a locului nostru în vastul țesut al existenței.

Când privim cerul nocturn, curioși despre misterele care există dincolo, aceste licăriri de afecțiune extraterestră ne aduc nu doar admirație, ci și înțelepciune. Ne reamintesc să onorăm legăturile pe care le avem aici, pe Pământ, și să căutăm mai multă bunătate și deschidere în propriile noastre relații. Ne invită să vedem iubirea ca pe o călătorie comună, țesută de-a lungul vastei istorii a întregii vieți.

Poate că abia începem să înțelegem ce este cu adevărat iubirea: nu un singur fir, ci o pânză vibrantă și în continuă schimbare care leagă tot ce este viu. Este o lecție șoptită de cosmos, așteptând să o ascultăm, să o învățăm și să ne deschidem către îmbrățișarea sa grandioasă și infinită.

Capitolul 9: Valori morale și etică

Există o forță tăcută în a asculta ce au de spus alte ființe — cele care călătoresc printre stele mult dincolo de îndemâna noastră — despre cum să trăiești corect și să păstrezi onoarea în inimă. Cei care au întâlnit sau au simțit aceste vizite vorbesc despre etică nu ca despre un set rigid de reguli, ci ca despre un flux viu împletit în fiecare respirație și în fiecare alegere. Imaginați-vă moralitatea nu ca o listă rece de lucruri care trebuie sau nu trebuie făcute, ci ca pulsul existenței: o busolă sincronizată cu muzica creșterii, echilibrului și unității. Această viziune ne lărgește gândirea obișnuită și ne permite să vedem că universul este vast nu doar în termeni de spațiu, ci și în modurile în care viața poate fi înțeleaptă și bună.

Ceea ce iese în evidență este modul în care aceste ființe îmbrățișează adesea principii care transcend preferințele personale sau cultura. Ele vorbesc despre o conexiune mai profundă, o rețea care ține împreună toată viața. Această rețea le determină să ia în considerare modul în care fiecare acțiune le afectează nu doar pe ele însele, ci întreaga comunitate și, mai larg, cosmosul însuși. A trăi în armonie cu această înțelegere înseamnă a-ți asuma responsabilități, nu ca pe o povară, ci ca parte naturală a maturizării spirituale și a alinierii cu marele dans al existenței. Imaginează-ți civilizații în care alegerile corecte sunt reflexe ale acestui echilibru spiritual și în care moralitatea este o oglindă vie care arată locul și scopul fiecărei ființe în această mare desfășurare.

Alegerile și legile acestor lumi sunt variate, modelate de mediile și istoriile lor unice. Cu toate acestea, o trăsătură comună pătrunde multe relatări: un accent pe calități precum bunătatea, onestitatea și înțelepciunea — virtuți care unesc indivizii prin legături de încredere și respect. Tehnologia și sistemele sociale susțin adesea acest mod de viață, nu pentru a controla, ci pentru a ajuta ființele să simtă și să înțeleagă mai bine ce este corect. Unele societăți avansate utilizează ceea ce am putea numi dialog minte-minte și percepția energiei pentru a vedea impactul acțiunilor lor înainte de a face un pas înainte. În loc să reacționeze pur și simplu la probleme sau să urmeze ordine, ele se opresc pentru a reflecta asupra modului în care fiecare acțiune afectează echilibrul căminelor și comunității lor.

Ceea ce atrage atenția este modul blând în care tratează greșelile. Rareori pedeapsa este primul răspuns în aceste povești. În schimb, creșterea și învățarea preiau conducerea. Oamenii sunt încurajați să vadă eșecurile ca oportunități, porți către o cunoaștere mai profundă și către vindecare. Astfel, comunitatea devine un spațiu în care iertarea și sprijinul ajută la restabilirea echilibrului după un pas greșit. Din această perspectivă, adevărata dreptate decurge din înțelegere și compasiune, un proces în care armonia este restabilită nu prin forță, ci prin grijă și respect. Când cineva face pace, acest act este tratat ca ceva sacru, o șansă de a-și repara propria spirit și de a contribui din nou la întreg.

Ghidurile și profesorii din aceste locuri nu se pun pe piedestal. Înțelepciunea este văzută ca o călătorie comună, un drum pe care fiecare persoană este invitată să îl parcurgă cu grijă. Indivizii își cultivă propriul simț al binelui și răului, căutând mereu diferiți profesori și experiențe pentru a-și aprofunda cunoștințele. Liderii, atunci când sunt prezenți, nu există pentru a comanda, ci pentru a-i ajuta pe ceilalți să-și găsească lumina interioară și să navigheze prin complexitatea unei vieți bune. Educația este un fir conductor foarte apreciat aici, extinzându-se mereu și dezvăluind o înțelegere mai profundă a vieții și a sinelui.

Iubirea și compasiunea luminează adesea calea, constituind nucleul eticii lor. A servi pe ceilalți nu este văzut ca un sacrificiu, ci ca o vocație fericită. Fiecare persoană este apreciată pentru darurile sale unice, pe care le manifestă în moduri care ridică întregul.

Actele de bunătate se răspândesc, țesând o rețea de conexiuni care mențin comunitatea și cosmosul într-o îmbrățișare blândă. Acest serviciu este mai mult decât o datorie: este un rol sacru care hrănește atât pe cel care dă, cât și pe cel care primește, sprijinind creșterea vieții și fluxul înțelepciunii în toți. Când privim dincolo de lumea noastră și luăm în considerare aceste povești, găsim o invitație: șansa de a regândi modul în care vedem binele și răul. Universul pare să ofere infinite moduri de a trăi vieți conectate, etice și bogate în iubire, creștere și armonie. Când ne îndreptăm privirea în sus și în afară, aceste licăriri ne încurajează să ne punem întrebări și să reflectăm asupra propriilor noastre căi morale. Ele ne amintesc să onorăm interconectarea întregii vieți și să vedem dreptatea nu doar ca pe niște reguli, ci ca pe un dans de restaurare și îngrijire. Fie ca aceste idei să ne inspire către un nou mod de a fi, îmbrățișând plenitudinea călătoriei noastre cosmice comune, cu inima și ochii deschiși.

În această dans amplă și frumoasă, etica devine la fel de naturală ca respirația, curgând prin noi și în jurul nostru și chemându-ne să creștem dincolo de ceea ce credem că știm. Fiecare pas înainte este o oportunitate de a găsi echilibru și de a țese iubire și înțelepciune în țesătura schimbătoare a vieții. Cum ar fi dacă am lua aceste lecții în serios? Ce ar fi dacă am abandona vechile limite și ne-am deschide către o armonie mai amplă, în care fiecare alegere izvorăște dintr-un loc de conexiune și grijă? Posibilitățile sunt la fel de vaste ca stelele însele, așteptând în tăcere să ne ridicăm și să răspundem.

Capitolul 10: Sport și activități recreative

În vastitatea spațiului, alte civilizații se mișcă în moduri ciudate și familiare. Când vizionarii și cei care au atins stelele își împărtășesc poveștile, dezvăluie lumi în care sportul și jocul sunt profund întrețesute în țesătura vieții. Nu este vorba de simple hobby-uri sau distracții. Ele pulsam cu semnificație, modelând modul în care ființele cresc, se conectează și găsesc bucurie. Ceea ce noi numim recreere este doar o umbră a ceea ce alte civilizații înțeleg prin joacă: o forță vitală care combină corpul, mintea și spiritul.

Din poveștile colectate, devine clar că, pe alte planete, sporturile transcend adesea abilitatea fizică. Sunt acte de echilibru și de unitate cu sine și cu ceilalți. Imaginați-vă că vă mișcați corpul nu doar pentru a câștiga, ci pentru a vă sincroniza cu ritmurile naturii, cu modelele stelelor și cu zumzetul universului însuși. În unele locuri, jucătorii manipulează câmpuri de energie prin dansuri geometrice care necesită concentrare intensă și pace profundă.

În altele, jucătorii se mișcă în sincronie cu sunete și vibrații, creând armonii care plutesc între membrii grupului și îi apropie fără un cuvânt. Este o dans al vieții care îmbrățișează nu doar mușchii, ci și conștiința. Jocurile și hobby-urile acestor lumi reflectă culturile lor și planeta de pe care au apărut.

Ele reflectă valori de creație, împărtășire și elevare reciprocă, nu de distrugere. În loc să lupte pentru a învinge, ei creează împreună. Tehnologia nu separă, ci invită la noi moduri de a modela lumina, culoarea și sunetul în experiențe ludice. Imaginați-vă un loc de joacă în care culorile se schimbă în funcție de starea voastră de spirit sau un peisaj sonor care vă invită să explorați vise și minuni. Aceste medii captivează și inspiră, stimulând imaginația să trăiască o experiență vibrantă.

Ceea ce iese cu adevărat în evidență, însă, este modul în care competiția dispare din vedere. Câștigul și pierderea trec în plan secund în fața bucuriei și conexiunii. Sportul devine un act sacru în care apariția și mișcarea împreună oferă recompense profunde. Adevăratul premiu se află în moment: abilitatea îmbunătățită, legăturile formate și creșterea subtilă simțită în interior. Această prezență transformă jocul într-o ceremonie, un act de onorare a sinelui, a comunității și a cosmosului. Nu contează trofeele, ci doar comorile invizibile câștigate prin râs, efort și respirație împărtășită.

În aceste lumi, sporturile și jocurile merg și mai departe. Ele servesc ca punți, atrăgând indivizii către un puls comun cu viața din jur. Comunitățile se reunesc în celebrare și creație, construind spații în care toți pot participa. Instrumente avansate și proiecte sociale ajută la împărtășirea necesarului și fac loc tuturor vocilor și abilităților. Jocul împreună devine o expresie a unității, o aliniere fluidă cu curenții mai profunzi care mișcă toate ființele vii. Este o modalitate de a deschide căi pe care energia poate circula liber, hrănind o creștere care nu afectează doar individul, ci întreaga rețea a existenței.

Împreună cu accentul pus pe armonie și grijă, aceste ființe apreciază creativitatea, descoperirea și noi moduri de a vedea lumea. Jocurile lor trezesc mințile și inimile, transformând joaca în explorare. Ele încurajează participanții să depășească limitele, să inventeze și să țese noi idei. Prin utilizarea sofisticată a materialelor și a tehnologiei, apar experiențe care par noi și vii, capabile să schimbe modul în care înțelegem universul și locul nostru în el. Aici, joaca este o profesoară, un ghid care oferă perspective care se răspândesc în conștiință și cultură.

Când ne retragem pentru a privi imaginea de ansamblu, aceste relatări oferă o viziune extinsă. Ele ne provoacă categoriile organizate și ideile limitate despre divertisment și sport. Ne invită la o viziune mai largă, care onorează multiplele moduri în care viața se exprimă prin mișcare, conexiune și spirit. Pe măsură ce ne adâncim în cosmos și în noi înșine, aceste fragmente ne reamintesc să ne regândim propriile jocuri și bucurii. Ne încurajează să căutăm căi în care joaca este completă — o punte care leagă corpul, mintea și sufletul, împletite cu dansul vieții.

Acest lucru depășește curiozitatea față de alte locuri. Este o chemare la trezire aici și acum. Este a lăsa hobby-urile noastre să prindă rădăcini la fel de adânci ca intențiile noastre. Pentru a găsi plăcere nu în cucerire, ci în descoperire și comuniune.

Există sacralitate în fiecare respirație din timpul unui joc, în fiecare zâmbet împărtășit într-o dispută veselă și în fiecare moment în care ne mișcăm ca unul singur. Stelele de deasupra ne amintesc că a juca este un cuvânt mult mai bogat decât ne imaginăm. Este o invitație la o călătorie interioară și exterioară către bătăile inimii în evoluție ale existenței înseși.

Capitolul 11: Muzica și formele de artă

Imaginați-vă, pentru o clipă, muzica și arta unor ființe din lumi îndepărtate. Ele nu sunt doar sunete sau imagini menite să treacă timpul. Ele poartă pulsul existenței înseși. Ele vorbesc despre emoții, învățături și conexiuni care depășesc cu mult ceea ce văd ochii noștri sau aud urechile noastre. Când ascultăm poveștile împărtășite de cei care au întâlnit astfel de culturi, suntem invitați să explorăm creația într-un mod care trezește ceva profund în noi: o nouă conștiință a ceea ce poate fi creativitatea.

Luați muzica, de exemplu. Ea transcende ritmul și melodia. Devine un fir viu care leagă individul de o vastă dans cosmic. Multe povestiri descriu aceste sunete ca fiind țesute cu un echilibru universal, foarte diferit de tot ceea ce suntem obișnuiți. Este ca și cum muzica însăși s-ar sincroniza cu structura universului, extragând o armonie care răsună prin corp, minte și spirit. Imaginați-vă instrumente făcute din structuri de cristal care pulsează cu câmpuri de energie sau sunete create prin unde telepatice. Nu este vorba de simple instrumente, ci de punți. Punți care transportă vibrații vindecătoare, deschid uși către transformare și trezesc o adevăr spiritual mai profund. Fiecare notă este plasată cu grijă, luând în considerare frecvențele multidimensionale, culorile sunetului care se propagă prin spațiu și timp.

Artele din aceste lumi nu sunt mai puțin surprinzătoare. Formele vizuale sunt vii, schimbându-se și răspunzând celor care le observă și la ceea ce simt. Imaginați-vă o imagine care își schimbă forma sau tonalitatea în funcție de starea dvs. de spirit sau de gânduri, atrăgându-vă într-un spațiu care depășește simplul act de a privi. Utilizarea luminii, a geometriei și a culorilor care curg în modele fractale aduce un sentiment de admirație, poate chiar de sacralitate. Unele creații amestecă chiar viața organică: ființe vii perfect împletite cu arta, estompând granițele dintre real și imaginar. Aceste opere de artă depășesc așteptările, invitând spectatorul să se lase purtat într-o călătorie în care percepția, emoția și spiritul se suprapun.

Ceea ce încălzește și mai mult inima este faptul că arta și muzica sunt rareori experiențe solitare în aceste culturi. Ele înfloresc prin colaborare. Oamenii se adună, fiecare oferindu-și talentul, nu pentru a primi laude personale, ci ca o expresie comună. Este vorba de a co-crea ceva care devine mai mare decât orice voce sau viziune individuală. Tehnologia și armonia socială oferă instrumentele și structura necesare pentru ca ideile să curgă liber și perspective diverse să se împletească într-o capodoperă colectivă. Unindu-se pentru a crea, indivizii găsesc o practică sacră care hrănește creșterea, învățarea și conexiunea. Actul în sine devine o celebrare a comunității, o cale de a contribui la ceva mai mare, atât pentru societate, cât și pentru întregul cosmic.

În aceste civilizații, muzica și arta pulsează cu un sens mai profund, care depășește expresia personală sau comunitară. Ele încorporează conexiunea cu întreaga viață. Mulți descriu modul în care muzica și arta servesc ca vehicule pentru a comunica misterele invizibile, onorând existența și extinzând înțelegerea comună. Înțelepciunea spirituală curge împreună cu tehnologia avansată, permițând acestor expresii să devină porți de acces către energie și intuiție. Când oamenii cântă sau pictează în unison, nu produc doar sunete sau imagini: se aliniază unui flux universal, unui curent divin care susține creșterea, echilibrul și unitatea în întregul cosmos.

Inovația joacă, de asemenea, un rol important. În loc să se fixeze pe stiluri sau teme rigide, arta și muzica rămân fluide, în continuă evoluție. Creatorii explorează idei noi, depășind limitele actuale și căutând noi percepții despre viață și despre ei înșiși. Această căutare constantă este susținută de materiale și instrumente în continuă evoluție. Prin munca lor, artiștii provoacă schimbări în conștiință, contestă vechile moduri de gândire și oferă noi căi de urmat. Creativitatea devine astfel o călătorie, nu o destinație, și ne invită la supraviețuire și transformare, deschizând mereu noi uși și dezvăluind noi orizonturi.

Când privim aceste povești în ansamblu, ele ne invită la reflecție. Ne încurajează să extindem limitele imaginației noastre și să gândim dincolo de tiparele familiare ale Pământului. Această perspectivă onorează diversitatea vie care se întinde în întregul univers. Ne încurajează să găsim în muzica și arta noastră o integrare mai profundă între inimă, minte și suflet, o expresie conectată cu viața însăși și cu vastul flux cosmic. În această viziune, creativitatea nu este doar un dar uman. Este un puls universal, un ritual sacru împletit cu toate ființele și lumile.

Așadar, permiteți acestor idei să vă încălzească spiritul și să vă trezească curiozitatea. Permiteți-le să vă amintească că, în istoria infinită a existenței, muzica și arta nu sunt simple distracții sau pasatide. Sunt fire de legătură și trezire care ne cheamă să ascultăm mai atent și să creăm cu mai multă deschidere. Ne invită să pășim cu grație pe un drum care onorează legăturile noastre între noi și cu cosmosul dincolo. În urma lor, găsim mai mult decât frumusețe sau minune: găsim posibilitatea armoniei, a conexiunii și a unui sens mai profund, care așteaptă să se reveleze.

Capitolul 12: Dezvoltarea tehnologică

Când privim cerul nocturn și ne întrebăm cine ar mai putea fi acolo, mintea noastră rătăcește în mod natural, imaginându-și cum ar fi viețile lor și ce fel de instrumente ar folosi. Poveștile oamenilor care susțin că au întâlnit ființe din alte lumi oferă o perspectivă destul de neașteptată. Dispozitivele și tehnologiile sunt mult mai mult decât simple mașini. Ele ocupă un loc profund în inima, mintea și sufletul acestor ființe, modelându-le cultura, spiritul și călătoria prin vastitatea universului.

Ceea ce iese în evidență este modul în care aceste tehnologii acționează în parteneriat cu lumea naturală. Ele nu sunt doar dispozitive pentru a obține resurse sau pentru a controla un mediu. Ele cresc din pământul însuși și participă la echilibrul său. Imaginați-vă unelte făcute din elemente care se amestecă cu pământul și energie extrasă din forțe inepuizabile și inofensive. Aceste civilizații explorează surse de energie pe care abia le putem întrezări: cristale strălucitoare, câmpuri de energie vibrante și chiar creaturi vii care devin parte a uneltelor. Tehnologia pare vie, mișcându-se în armonie cu universul. Imaginați-vă motoare care transformă furtunile solare și razele cosmice într-o energie inepuizabilă și fără efecte secundare. Aceasta este tehnologia în armonie cu natura, nu în luptă cu ea.

Pentru aceste ființe, știința este un alt fel de istorie. Ea nu se limitează la grafice reci sau dovezi concrete. Este vorba de a găsi armonie și echilibru pentru bunăstarea individului și a tuturor celor care împărtășesc același spațiu. Ei folosesc cunoștințele pentru a ridica conștiința și a vindeca nu numai corpul, ci și mintea și spiritul. Vindecarea vine prin lumină, sunet și modele care vibrează în armonie cu viața însăși. Este o abordare holistică a sănătății, care ne vede nu ca ființe rupte sau singure, ci ca fire țesute în marele flux al ființei. Fiecare instrument, fiecare practică, acționează pentru a susține acest echilibru, de la sănătate până la modul în care vorbesc și se schimbă, totul țesut prin intermediul tehnologiei care hrănește viața.

Modul în care creează idei noi este impresionant. Nu este vorba de un laborator secret sau de un geniu solitar ascuns. În schimb, este o dans comun. Abilitățile sunt transmise liber. Ideile sar de la unul la altul ca un râu viu. Instrumentele apar din acest puls colectiv și sunt create pentru ca toată lumea să le poată folosi și să crească cu ele. Actul de a crea are un ritm sacru, aproape un ritual care celebrează legăturile dintre oameni. Tehnologia devine mai mult decât un obiect: devine un spațiu în care se formează conexiuni și mințile se întâlnesc și se ridică reciproc. Societățile lor promovează acest flux deschis, permițând multor voci și vise să se amestece, remodelând posibilitățile. Pare a fi știință cu suflet, impulsionată de ceva mai mare decât simpla rezolvare a problemelor sau a funcționării lucrurilor.

Acest sentiment de conexiune este și mai profund. Tehnologia nu este ceva separat de viață; ea este însăși viața. Poveștile voastre arată că invenția este legată de celebrare și spirit. Instrumentele și cunoștințele devin o formă de a explora vastul mister al existenței și de a împărtăși această bucurie cu ceilalți. Resursele, înțelepciunea și experiența circulă liber, ca daruri într-o rețea construită pe respect și generozitate. A inventa înseamnă a intra într-un dans cu ceva mai mare: o mișcare în care energia rămâne în echilibru cu ritmul cosmic mai larg.

Explorarea nu este doar un obiectiv, ci un mod de viață pentru aceste ființe. Ei merg mai departe cu curiozitate, mereu căutând și testând, niciodată mulțumiți. Tehnologiile lor sunt vii și se schimbă odată cu ei. Acest proces necesită o nouă privire asupra lumii, pentru ca ideile să fie duse dincolo de ceea ce se credea posibil. Este o invitație de a ne deschide mai mult și de a ne extinde nu doar mașinile, ci și propriul nostru simț al realității.

Tehnologia curge, se schimbă și crește, la fel ca viața: nu stă niciodată pe loc. Aceste povești ne oferă o nouă perspectivă asupra a ceea ce poate fi cu adevărat tehnologia. Ne cer să ne imaginăm ceva blând, ceva care prosperă prin colaborare, ceva frumos — nu doar o cursă sau un joc de putere și control. Ele încurajează o viziune a viitorului în care creațiile noastre hrănesc sufletul, comunitatea și Pământul, nu doar satisfac nevoile imediate. Când privim spre stele, aceste viziuni ne întreabă cu blândețe: ce fel de instrumente ne dorim? Ce fel de lume putem construi dacă respectul și echilibrul ne ghidează mâinile?

Imensitatea de deasupra se întinde, plină de secrete și promisiuni infinite. Poveștile spuse la limitele propriei noastre experiențe sunt mai mult decât fantezie. Ele aduc șoapte și lecții blânde despre un alt mod de a trăi, aici și acum. Ne invită să ne sincronizăm cu un ritm mai mare, să umplem spațiul dintre știință, spirit și lumea vie din jurul nostru. Absorbind aceste povești, nu găsim răspunsuri clare. În schimb, găsim noi întrebări — întrebări care ne luminează calea de urmat. O cale care onorează rețeaua vie pe care o împărtășim, în care tehnologia ne ridică spre o destinație mai înaltă printre stele.

Capitolul 13: Inovație și realizări științifice

În confiniile spațiului, dincolo de culoarea albastră familiară a planetei noastre, există povești — povești profunde și vii — povestite de cei care susțin că au avut contact cu ființe de pe alte planete. Aceste povestiri vorbesc despre civilizații ale căror descoperiri și tehnologii sunt diferite de tot ceea ce vedem aici. Cu toate acestea, ceea ce atrage cel mai mult atenția nu sunt dispozitivele sau invențiile în sine, ci modul în care acest progres pare să curgă dintr-un sens al scopului viu care unește cultura, spiritul și însăși desfășurarea existenței.

Imaginați-vă tehnologii care nu se nasc dintr-un impuls rece și mecanic de a cuceri natura, ci dintr-o dorință profundă de a se mișca în armonie cu energiile și regulile care pulsează prin univers. Aceste realizări extraterestre reflectă adesea un tip de știință care curge cu curenți invizibili: energii ale conștiinței, fizică dincolo de ceea ce ne învață manualele și dimensiuni suprapuse celor trei dimensiuni pe care le cunoaștem. Ele par să se joace cu forțe care combină vindecarea și cunoașterea în moduri care se răspândesc în comunități întregi, poate chiar în sisteme stelare. Există zvonuri despre nave care navighează prin fluxurile cosmice, transportate de câmpuri de energie inaccesibile oricărui combustibil de rachetă, mișcându-se fără efort pe distanțe mari, unde însăși lumina se curbează și se întrepătrunde.

Diversitatea acestor căi științifice este impresionantă. Fiecare cultură își creează propria abordare, în funcție de planeta pe care o numește acasă și de valorile după care trăiește. Cu toate acestea, un temă recurentă în multe dintre aceste povești este angajamentul față de echilibru, conexiune și creștere, atât a individului, cât și a colectivității. Știința aici nu este separată de viață; ea respiră împreună cu ea. Unele civilizații folosesc fascicule de lumină, sunete și vibrații subtile ca instrumente de vindecare. Acestea nu sunt destinate doar corpului, ci și sufletului și minții, restabilind ritmul și armonia prin sincronizarea cu pulsul universal care conectează toate ființele.

Ceea ce îmi atrage cel mai mult atenția este spiritul de unitate prezent în aceste povești. Știința nu este o căutare tăcută, realizată în laboratoare sau de genii solitare. Ea se desfășoară ca o călătorie comună, în care fiecare persoană contribuie cu partea sa de intuiții și abilități unice, țesându-le într-o înțelegere mai amplă. Tehnologiile și sistemele sociale par concepute pentru a promova împărtășirea deschisă, a fuziona perspective și a trezi creativitatea care ne ridică pe toți. Inovația este un act sacru, o dans al învățării și al dăruirii, o ofrandă profundă adusă vieții înseși. Căutarea cunoașterii este o muncă comunitară, o muncă cosmică unificată în slujba creșterii și vindecării.

În plus, rolul progresului științific depășește descoperirea. Acesta acționează ca o punte între ființe, o formă de a onora și celebra misterele răspândite printre stele. Practicile spirituale și structurile comunitare susțin acest flux, ajutând la împărtășirea liberă a înțelepciunii și a resurselor. Descoperirea de noi adevăruri este ca și cum ai merge alături de marele flux al existenței. Fiecare avans devine un gest de aliniere, nu doar cu legile abstracte, ci și cu pulsul divin care conduce toate ființele vii.

Aceste viziuni înfățișează știința ca un flux viu și în mișcare, niciodată static sau închis. Exploratorii lumilor îndepărtate continuă să extindă limitele nu doar pentru a afla mai multe, ci și pentru a aprofunda conexiunea cu tot ceea ce există. Deși metodele lor pot folosi materiale și idei departe de îndemâna noastră, intenția din spatele lor este clară: să trezească, să deschidă noi uși în conștiință și să fie pionieri în noi forme de a fi care reflectă vastitatea universului însuși.

Prin urmare, atunci când ne gândim la modul în care inovația și descoperirea pot depăși limitele Pământului, aceste povești ne invită să regândim. Ele ne cer să privim știința nu ca o escaladare solitară în căutarea puterii sau controlului, ci ca o dans colectiv care respectă legăturile care ne unesc între noi și cu creația în ansamblu. Ele ne amintesc că există nenumărate moduri în care cunoașterea poate crește și se poate transforma, hrănind viața în toate formele sale minunate.

Pe măsură ce privim în afară și ne adâncim în misterele cosmice, aceste percepții ne servesc drept far. Ele ne provoacă să ne confruntăm propriile căutări de înțelegere cu deschidere, umilință și un mai mare simț al unității. Poate că, prin această schimbare, invențiile și ideile noastre vor deveni căi către armonie, onorând călătoria sacră pe care o împărtășim de-a lungul timpului și spațiului.

Din această perspectivă, universul încetează să mai fie un vid infinit de necunoscute și devine o rețea vie de potențial — o vecinătate cosmică în care fiecare descoperire ne apropie de întreg și fiecare inovație este un fir care se împletește cu vasta istorie în dezvoltare. Aceasta este o viziune a științei care cântă cu viață, spirit și puterea tăcută a inimilor unite de curiozitate și iubire. Aceasta este o poveste care merită ascultată, oriunde ne-am afla în marele dans al existenței.

Capitolul 14: Interacțiuni ambientale și habitabilitate

Ascultând poveștile celor care au întâlnit ființe din afara lumii noastre, se conturează o nouă viziune: o viziune care pare vie și apropiată, nu îndepărtată sau străină. Aceste relatări dezvăluie forme de viață care curg împreună cu natura, nu împotriva ei. Pe unele planete îndepărtate, îngrijirea pământului, a apei și a cerului nu este doar o sarcină de îndeplinit, ci un mod puternic de a fi. Această grijă se răspândește prin credințe, obiceiuri zilnice și legături cu vastul univers din jur.

Mulți călători care împărtășesc aceste experiențe vorbesc despre echilibru ca bază a acestor societăți. Ființele pe care le întâlnesc știu să trăiască în armonie cu lumea lor, folosind instrumente concepute pentru a da înapoi, nu doar pentru a lua. Materialele lor adesea se vindecă și se regenerează singure. Energia provine din surse infinite, iar casele lor sunt vii în formă și spirit, schimbându-se și respirând ca plantele sau recifele de corali. Imaginați-vă clădiri care par vii, nu forme rigide din oțel și piatră, ci spații care cresc, se schimbă și se armonizează cu pământul de sub ele. În aceste locuri, piatra, lemnul și spațiul vital se contopesc într-un tot unitar, fiecare element susținându-le pe celelalte.

Viața în aceste locuri nu se rezumă la supraviețuirea furtunilor violente sau a cerului ciudat. Este vorba despre țeserea sufletului și a meșteșugului în mediul înconjurător, astfel încât acesta să primească și să adăpostească toate ființele. Căldura care arde acolo unde trăim este primită în alte locuri; gravitația care trage în mod ciudat este găsită în ceva fluid și complet. Aceste lumi sunt la fel de diferite între ele precum un munte este de ocean. Când apar dificultăți, ei apelează la artă, știință și la o cunoaștere străveche a fluxurilor naturii. Agricultura lor nu seamănă deloc cu rândurile noastre drepte din câmpuri. În schimb, ei hrănesc creșterea prin lumină, energie și modele cristaline, care întăresc viața fără a distruge solul. Sunt parteneri ai pământului, loiali ciclurilor și ritmurilor care pot părea ciudate pentru noi, dar care sunt la fel de constante pentru ei ca respirația.

Ceea ce strălucește cel mai mult în poveștile lor este modul în care grija față de mediu este o responsabilitate a întregii comunități. Nu este niciodată lăsată în seama câtorva. Toți se unesc pentru a proteja pământul, apele și creaturile din jurul lor. Cunoașterea circulă liber. Ideile apar și se răspândesc ca vântul. Cooperarea aici depășește munca în echipă: are o semnificație sacră. A avea grijă de pământ înseamnă a avea grijă de inima poporului tău și, prin aceasta, de pulsul tuturor lucrurilor. Ce face o persoană afectează nenumărate alte persoane, vizibile sau invizibile. Este o rețea de respect și responsabilitate, un dans al grijii în care fiecare pas contează.

Aceste povești ne reamintesc că mediul înconjurător nu este un simplu decor. El este viu și prezent în centrul culturii și al conexiunii. Cântece, dansuri și descoperiri ies la iveală din această legătură. Înțelepciunea profundă și ideile noi se unesc în ceremonii care țes legături de energie și spirit între toate ființele și mediul lor. Pentru aceste ființe, grija față de Pământ trezește mintea și deschide inima. Natura cântă vechile sale cântece, iar cei care le ascultă se mișcă în ritmul muzicii, aducând noi perspective și viață în fiecare moment. Aici, spiritul și ecologia se ridică ca unul, strălucitoare și neîntrerupte.

Alături de această armonie, există o deschidere neliniștită către schimbare. Tradițiile nu se pietrifică, ci se extind și se transformă pe măsură ce noi adevăruri cosmice se revelează. Curiozitatea curge prin grija pe care o au față de planetă ca un râu. Ei pun la îndoială povești vechi, trec granițe și creează forme de viață care onorează atât lumea lor, cât și cunoașterea lor interioară. Unele dintre instrumentele și metodele lor par uneori magice, alteori la fel de vechi ca piatra și cerul. Fiecare act de îngrijire a planetei îi invită să vadă mai profund, să gândească cu claritate și să trăiască din plin.

Împreună, aceste viziuni asupra vieții dincolo de Pământ ne oferă mai mult decât noi cunoștințe: ele conțin o lecție blândă. Ele arată o modalitate veselă și împărtășită de a avea grijă de lume, născută din respect și apartenență, nu din luptă sau exploatare. Aceste povești ne invită să ne imaginăm locuri în care Pământul și viața cresc în armonie și în care grija față de natură deschide porțile către înțelegerea inimii universului. Când privim spre stele, suntem invitați să ascultăm cu atenție, să onorăm toate conexiunile și să construim case care să mențină ritmul planetei și dincolo de ea. Fie ca astfel să găsim o cale pe care să mergem cu ușurință, să trăim bine și să ne alăturăm dansului infinit al vieții care pătrunde toate lumile.

Capitolul 15: Habitabilitate și condiții de viață

Ascultând pe cei care vorbesc despre viața dincolo de lumea noastră, găsim povești care zugrăvesc o imagine foarte diferită despre ce înseamnă să trăiești undeva. Nu este vorba doar de a avea un acoperiș deasupra capului. Pe multe planete îndepărtate, ideea de cămin este profund legată de modul în care curge viața, de modul în care spiritul dansează și de modul în care lumile cântă cântecele lor unice de echilibru și apartenență. Aceste povești ne invită să ieșim din modul nostru obișnuit de a gândi despre spațiu și structură și să ne imaginăm formele infinite pe care le-ar putea lua viața în marea expansiune.

Un tema care apare constant este ideea de a te amesteca cu propria lume. Imaginează-ți case care cresc din pământ ca plantele, modelate nu de ciocan și cuie, ci de ființe vii și cristale care se întind și se schimbă în timp. Aceste locuri nu sunt construcții reci; ele respiră și se adaptează, fiind construite dintr-un anumit punct de vedere din materiale vii. Energia se mișcă prin ele, susținând pe cei din interior într-un mod natural, neforțat. Există un sentiment de parteneriat: construcţia şi planeta cooperează pentru a crea ceva durabil şi prosper.

Condiţiile la care se adaptează viaţa pot fi foarte diferite. Unele planete sunt toride, în timp ce altele tremură de un frig pe care niciun om nu l-ar putea suporta. Unele au un aer dens şi greu, în timp ce altele sunt rare şi ciudate. Gravitaţia poate trage uşor sau apăsa ca greutatea unei istorii lungi asupra pieptului. Radiaţia poate dansa ca lumina soarelui sau muşca ca o furtună. În ciuda acestui fapt, aceste fiinţe reuşesc să-şi construiască case care le protejează. Ele folosesc instrumente şi practici inteligente, uneori spirituale, care depăşesc fizicul, pentru a modela spaţii în care sănătatea şi fericirea sunt pe primul plan. Câmpuri de energie, invizibile ochilor noştri, pot menţine temperatura stabilă sau alunga răul, creând confort în lumi care la prima vedere par ostile.

Ceea ce iese în evidenţă nu sunt doar clădirile în sine, ci modul în care aceste comunităţi se unesc pentru a-şi crea şi menţine casele. Există un spirit de împărtăşire întreţesut în aceste poveşti, în care cunoştinţele, resursele şi abilităţile curg liber între vecini şi prieteni. Spaţiile de convieţuire sunt mai mult decât refugii private: sunt rodul îngrijirii şi atenţiei colective. Oamenii îşi unesc talentele pentru a construi nu doar pentru ei înşişi, ci pentru întreg. Arhitectura devine o modalitate de a învăţa unii despre alţii şi de a modela legăturile care unesc oamenii. Iar actul de a crea un cămin nu este niciodată banal — este un dans sacru, o oportunitate de a accesa înţelepciunea mai mare care pulsează prin viaţă.

În aceste societăţi, clădirile reprezintă mai mult decât un adăpost. Ele exprimă conexiunea, o reţea care include totul şi pe toţi, de la cea mai mică formă de viață până la cea mai îndepărtată stea. Crearea unui spațiu de locuit este o formă de a onora această vastă unitate. Casele sunt simboluri nu doar ale siguranței personale, ci și ale unei călătorii și celebrări comune. Viziuni și practici avansate susțin această viziune prin instrumente și ritualuri care ajută oamenii să împărtășească ceea ce au, să crească în înțelepciune și să proiecteze locuri care îi ridică și îi inspiră. A construi înseamnă comuniune: înseamnă a păstra inima și mintea deschise fluxului de energie universală care ghidează și susține toate ființele vii.

O altă trăsătură care strălucește în aceste povești este setea de explorare. Casele nu sunt fixe sau definitive. Ele se schimbă, cresc și evoluează împreună cu cei care locuiesc în ele. Actul de a crea nu este static, ci o continuă extindere spre exterior. Noi materiale, noi energii și noi idei sunt aduse grupului. Arhitectura acestor lumi reflectă o înțelegere din ce în ce mai amplă a existenței, trezind noi moduri de a vedea și de a fi. A construi înseamnă mai mult decât a modela spațiul: înseamnă a-ți extinde mintea și spiritul dincolo de granițele cunoscute, deschizându-te către noi percepții și posibilități.

Observând toate acestea, suntem invitați să regândim ce înseamnă să trăim bine, nu doar în locuri îndepărtate, ci și aici, pe Pământ. Aceste povești ne reamintesc că propriile noastre case și orașe ar putea purta mai mult din această bogăție și grijă. Ele ne cer să vedem clădirile și comunitățile nu doar ca obiecte sau recipiente, ci ca părți vii și pulsante ale unei istorii mult mai mari. Dacă le ascultăm, putem găsi modalități de a aduce armonie, frumusețe și un respect mai profund pentru viață în spațiile pe care le numim acasă. Ele ne reamintesc că totul este conectat: pământul, cerul, apa și spiritul.

Astfel, când privim în sus și reflectăm asupra vieții dincolo, privim și în interior. Lecțiile șoptite de alte lumi ne încurajează să fim mai blânzi și să dansăm mai fluid cu energiile din jurul nostru. Ele ne vorbesc încet, dar cu fermitate, despre posibilitatea unor cămine care hrănesc toate ființele vii și care cresc odată cu noi, pe măsură ce învățăm să țesem numeroasele fire ale existenței. Aici se află o invitație: să onorăm sacrul din fiecare piatră și stea și să creăm, pe propria noastră planetă, locuri care să reflecte vastul miracol al vieții.

Capitolul 16: Conștiința și credințele spirituale

Există o poveste fascinantă care se desfășoară dincolo de stele, șoptită de cei care afirmă că au intrat în contact cu ființe din alte lumi. Aceste povești prezintă o viziune asupra conștiinței și a vieții spirituale foarte diferită de cea pe care o imaginăm de obicei. Ele vorbesc despre minți și inimi conectate în mod diferit, despre lumi în care viața interioară nu este doar personală, ci firul care pătrunde în țesătura culturii, a creșterii și a modului de a fi. Nu este vorba despre extratereștri care recită texte antice sau urmează reguli stricte. Este vorba despre o conștiință vie care se răspândește, conectează și modelează totul în jurul său.

Ceea ce iese cel mai mult în evidență este modul în care aceste ființe par să trăiască într-o stare de conexiune profundă. Ele nu se văd ca puncte izolate, separate unele de altele și de lume. Dimpotrivă, se simt parte dintr-un întreg vast și viu. Conștiința lor se extinde dincolo de sinele individual, atingând viața care curge prin stele și spațiile dintre ele. Aceasta nu este doar o idee, ci o experiență simțită: certitudinea că suntem cu toții conectați și că facem parte dintr-o mare poveste în desfășurare. Acest sentiment le ghidează credințele și acțiunile, ducându-i la armonie cu universul și cu ceilalți.

Imaginați-vă civilizații care nu comunică doar prin cuvinte, ci prin unde de gânduri și sentimente. Telepatia nu este un truc rar, ci o modalitate de a împărtăși mințile și inimile. Conversațiile traversează distanțe cosmice vaste fără bariere. Ei accesează o minte universală, o sursă mai amplă care transportă înțelepciune și bunătate între galaxii. Această împărtășire constantă creează comunități nu prin legi sau frontiere, ci prin înțelegere și iubire. Ceea ce este împărtășit devine mai puternic, nu mai slab — este ca și cum propria lor forță vitală ar curge prin acest schimb, alimentând creativitatea și compasiunea.

Căile lor spirituale înfloresc în conformitate cu condițiile speciale ale lumilor lor. Fiecare societate reflectă casa sa în valorile pe care le prețuiește. Unele se învârt în jurul echilibrului și respectului; altele, în jurul adevărului și bunătății. Ei dezvoltă modalități de a merge dincolo de fizic, explorând dimensiuni care se întind alături de propria noastră realitate. Prin practică concentrată, ei învață să modeleze energii — lumină, sunet, vibrație — pentru a vindeca, trezi și deschide uși către o nouă conștiință. Aceste metode nu sunt secrete mistice păstrate sub cheie. Sunt instrumente la dispoziția oricui dorește să se conecteze mai profund și să atingă firele sacre care leagă toată viața.

În multe relatări, spiritualitatea nu este o călătorie solitară. Este ceva ce oamenii fac împreună. Ei contribuie cu forțele și intuițiile lor, țesând diverse experiențe într-o călătorie comună. Această călătorie colectivă adâncește creșterea și extinde conexiunea. Este o dans al minților și spiritelor, ridicat de structuri sociale și tehnologii care încurajează împărtășirea și învățarea împreună. Practica spirituală devine un spațiu în care diferențele sunt celebrate, în care ideile generează noi perspective și în care transformarea are loc în compania altor oameni. Această muncă în echipă reflectă înțelegerea faptului că nimeni nu crește singur: bucuria și luptele noastre se răspândesc și modelează comunitatea, la fel cum ea ne modelează pe noi.

Viața în aceste lumi pulsează cu o viziune mai largă. Conștiința și credința nu se limitează la sine. Ele se răspândesc în cartiere, orașe și societăți, colorând fiecare întâlnire și petrecere, fiecare conversație sub ceruri necunoscute. Conexiunea și celebrarea merg mână în mână. Viața spirituală construiește punți, deschizând inimile și mințile către necunoscut cu încredere și respect. Aceste tradiții încurajează generozitatea și înțelepciunea, cultivând pacea și unitatea. Angajamentul devine un ritm sacru, aliniind comunitatea la o armonie mai mare care curge prin toate lucrurile.

Dincolo de conexiune, există o îmbrățișare nerăbdătoare pentru descoperire. Spiritualitatea aici nu este fixă, ci fluidă, mereu în creștere și transformare. Călătoria în sine este mai importantă decât punctele de odihnă sau răspunsurile gravate în piatră. Indivizii își lărgesc constant orizonturile interioare, căutând noi modalități de a cunoaște universul și locul lor în el. Ei aplică tehnici avansate, combinând cunoștințe antice cu metode emergente, creând astfel noi invitații la creștere și schimbare. Aceste experiențe depășesc limitele, schimbând credințe, lărgind mințile și inspirând noi forme de a fi.

Această cale în continuă evoluție nu este separată de viața de zi cu zi, ci este împletită cu pulsul civilizației. A pune întrebări, a căuta și a fi deschis sunt pilonii acestei abordări, care impulsionează ființele în căutarea lor de sens și împlinire. Explorarea spirituală devine o formă de a sfida vechile tipare, de a aprinde noi flăcări și de a invita neașteptatul la dansul transformării.

Deci, ce ne spun aceste licăriri? Ne invită să facem o pauză și să respirăm cu admirație. Ne reamintesc că definițiile noastre familiare ale spiritului și conștiinței pot fi mici ferestre către o viziune mult mai amplă. Dincolo de Pământ, viața este bogată în posibilități: diferite expresii ale conexiunii, scopului și creșterii se amestecă sub cerul vast.

Capitolul 17: Scopul existențial

Poveștile extraterestre ne cer să ne lărgim viziunea și să onorăm diversitatea formelor în care viața poate să se trezească și să găsească sens. Ele ne conduc către o spiritualitate bazată pe unitate, deschidere și respect față de nenumăratele forme în care conștiința se manifestă în cosmos. Ne încurajează să reflectăm asupra propriilor noastre căi, să trăim cu inima și să căutăm armonia nu numai între noi, ci și cu numeroasele straturi ale existenței care ne înconjoară. Prin această viziune mai largă, sacralitatea vieții devine mai clară, iar călătoria în sine strălucește ca un cadou împărtășit de toți cei care îndrăznesc să caute dincolo de stele.

Înțelegerea modului în care ființele din alte lumi văd sensul existenței lor ne invită la o călătorie fascinantă. Acest lucru arată că sensul nu este doar un subiect de reflecție sau dezbatere, ci ceva viu în inima culturilor, spiritelor și în însăși desfășurarea galaxiilor lor. Aceste povești și mesaje împărtășite de cei care afirmă că au contact cu ființe din alte lumi reflectă o lume plină de posibilități despre cum poate fi trăit și cunoscut scopul.

Una dintre cele mai marcante idei este accentul pe care aceste civilizații îl pun pe o armonie profundă cu universul însuși. Ele vorbesc despre sentimentul de a face parte dintr-un plan mai mare. Nu este vorba doar de ceea ce cineva dorește aici sau acolo, ci de a fi conectat la toată viața și de a merge spre bunăstarea multora. Acest tip de semnificație provine dintr-un sentiment interior care ghidează acțiunile în sprijinul comunității, al evoluției și al echilibrului. Este ca și cum sufletele lor ar ști că sunt fire ale unui vast întreg viu. Din aceste relatări, ființele care au crescut în înțelepciune spirituală poartă o responsabilitate nu doar pentru ele însele, ci pentru întreaga viață. Scopul vieții lor reflectă starea lor interioară, un semn al cât de departe au ajuns în înțelegerea locului lor în această desfășurare cosmică.

Este frumos să vezi cât de variate pot fi aceste scopuri. Fiecare lume, modelată de propriile ceruri, peisaje și lecții, aduce propriile idei despre ceea ce este mai important. În multe povești, valori precum bunătatea, onestitatea și cunoașterea mai profundă nu sunt doar idealuri morale, ci practici zilnice. Oamenii sunt încurajați să trăiască cu aceste caracteristici ca piloni ai călătoriei lor. Uneori, această muncă înseamnă explorarea dimensiunilor dincolo de fizic, joaca cu energia sau învățarea vindecării și transformării. Prin aceste acte, ele devin nu doar călători, ci și creatori de spații sacre și de creștere, conducându-și sufletele și societățile către noi niveluri de conștiință și înțelegere.

Un alt aspect care iese în evidență este modul în care scopul este adesea împărtășit. Viața acolo pare mai puțin o escaladă individuală și mai mult o călătorie împărtășită. Se pare că lumile lor au găsit modalități de a țese pasiuni și talente individuale într-un cor semnificativ, întărindu-se reciproc pe măsură ce avansează. Acest tip de căutare, aproape un ritual sacru, deschide căi pentru a învăța și a evolua împreună. Pe măsură ce parcurg această cale ca comunitate, ele alimentează nu doar propria lor lumină, ci și lumina întregii vieți din jurul lor. Structurile sociale și instrumentele avansate susțin această împărtășire, creând un mediu propice pentru ca ideile să curgă și să se dezvolte în moduri inimaginabile.

Dincolo de împlinirea personală, aceste învățături arată că scopul se află în conexiune. El se manifestă în ritmul comunităților, unde călătoria fiecărui individ contribuie la armonia colectivă. Această călătorie împărtășită funcționează ca o punte care leagă creșterea individuală de marele dans al existenței. De asemenea, este clar că astfel de societăți cultivă această legătură prin practici spirituale și sociale sofisticate, care încurajează generozitatea, înțelepciunea și transformarea. A porni pe această cale este înțeles ca o aliniere sacră cu ceva mai mare: o forță care mișcă energia, percepția și viața în valuri de echilibru și bucurie.

Explorarea și creșterea constituie un alt fir conductor. În aceste viziuni, scopul nu este niciodată fix sau static. El curge și se transformă, invitând ființele să continue să caute, să învețe și să-și extindă cunoștințele despre sine și despre universul din jurul lor. Tehnologiile și practicile dezvoltate de ei ajută la crearea momentelor care schimbă perspectivele și deschid noi uși în minte și inimă. Ei văd scopul vieții ca pe o călătorie a conștiinței, care provoacă vechile limite și trezește noi moduri de a vedea și de a fi. Această căutare continuă îi menține vibranți și treji, ca o dans al curiozității și admirației care onorează munca sacră a descoperirii.

Aceste povești oferă mai mult decât simple idei despre vieți îndepărtate. Ele ne invită să ne deschidem mintea și inima către ceea ce poate fi dincolo de zonele noastre de confort. Prin împărtășirea diferitelor moduri de a înțelege semnificația și scopul, ele ne cer să ne regândim propriile căi. Ne reamintesc că viața poate fi mult mai bogată și mai conectată decât percepem. Acest lucru trezește în noi o dorință de armonie mai profundă, o integrare între noi și ceilalți și un respect sacru pentru toate firele care țes trama vieții.

Capitolul 18: Roluri și relații interplanetare

Realitățile altor lumi ne încurajează să reflectăm asupra propriului nostru loc în acest vast mozaic. Universul, cu toate minunile sale, sugerează povești infinite care așteaptă să fie spuse și trăite. Aceste povești ne pot ajuta să ne înțelegem puțin mai bine și să înțelegem călătoria care se desfășoară și care ne include pe toți. Căutarea unui scop printre alte ființe ne amintește că împărtășim aceeași bătaie a inimii cu cosmosul. Ea luminează o cale către o viață mai deschisă, mai conectată și mai semnificativă, nu doar pentru noi, ci pentru toate formele de viață, fiecare scânteie de conștiință care ajunge la lumină. Această căutare necesită curaj, deschidere și umilință pentru a învăța de la ceilalți, apropiați și îndepărtați. Ne cere să vedem dincolo de noi înșine și să onorăm dansul sacru al întregii vieți, care se mișcă împreună prin timp, spațiu și misterul care ne înconjoară.

Când privim dincolo de lumea noastră, poveștile spuse de vizionari și de cei care au atins frontierele spațiului ne fac să gândim diferit. Civilizațiile extraterestre, așa cum sunt descrise de aceste voci, nu se limitează la negocieri sau conversații diplomatice. Ele țes relații care se înrădăcinează adânc în cultura lor, în spiritul lor și într-o călătorie colectivă de creștere care se întinde printre stele. Acest lucru ne provoacă modul în care vedem relațiile dintre națiunile de pe Pământ și ne invită să ne imaginăm un cosmos plin de potențial pentru unire, împărtășire și creștere împreună.

Unul dintre cele mai marcante modele din aceste relatări este ideea de unitate. Pe toate planetele, ființele se unesc nu ca piese separate, ci ca parte a unui întreg, împărtășind cunoștințe și ridicându-se reciproc. Acest sentiment de conexiune nu este o notă de subsol: el le modelează modul de viață. Este o chestiune de responsabilitate: să ai grijă de creșterea și echilibrul tuturor ființelor vii. Rolurile lor pe această scenă cosmică reflectă o maturitate și o aliniere profundă cu forțele care unesc universul și sufletul.

Fiecare civilizație contribuie cu ceva unic la această dans. Imaginați-vă lumi modelate de peisajele, istoriile și invențiile lor. Relațiile lor reflectă aceste diferențe și se bazează pe respect reciproc și dorința de a avansa ca unul singur. Ele nu concurează pentru putere, ci contribuie cu ceea ce au mai bun — tehnologie, înțelepciune și intuiție spirituală — pentru a ajuta colectivitatea să avanseze către o existență mai bogată. Uneori, se reunesc în grupuri, precum consilii sau alianțe, pentru a face față provocărilor comune, a explora mistere vaste și a hrăni viața în toate formele sale.

Colaborarea pulsează în centrul interacțiunilor lor. Nu este vorba de o simplă strângere de mână, ci de împărtășirea bogăției vieții în toate formele sale. De la cunoștințe la resurse, ființele se unesc în căutarea viselor care transcend propriile nevoi. Această cooperare este susținută de sisteme sociale și metode de comunicare care conectează lumi și idei, facilitând armonia între voci diverse. Această formă de a lucra împreună este sacră: o practică în care creșterea și vindecarea curg în ambele direcții, amestecându-se pentru a restabili echilibrul cosmic.

Cu toate acestea, există ceva și mai profund. În aceste povești, conexiunea interplanetară transcende cooperarea. Este o celebrare, o formă de comunicare de la suflet la suflet și de dezvăluire a necunoscutului. Aceste conexiuni îmbrățișează înțelepciunea și oferă experiențe care inspiră schimbări și admirație. Participând la aceste relații, civilizațiile se aliniază unei voințe mai mari, sincronizându-se cu fluxul de energie vitală care susține toate ființele. Este o dans care unește cosmosul viu și dezvăluie noi capitole din istoria existenței.

Impulsul de a explora și descoperi este un alt temă recurentă. Conexiunile interplanetare nu sunt niciodată statice. Ele se schimbă, cresc și evoluează pe măsură ce ființele depășesc limitele în căutarea unei înțelegeri mai profunde a universului și a propriului lor loc în el. Instrumente și practici avansate le permit să deschidă noi căi și să pătrundă în tărâmuri ale experienței care trezesc transformarea. În acest context, cooperarea între lumi funcționează ca o poartă de acces către extinderea conștiinței, provocând credințe vechi și inspirând noi moduri de a trăi și de a gândi.

Când reunim aceste fire, apare o imagine vie. Dincolo de Pământ, există un spectru vast și bogat de viață, un contrapunct puternic la viziunile înguste axate doar pe competiție sau supraviețuire.

Aceste povești ne reamintesc de imensa varietate posibilă atunci când ființele aleg să lucreze împreună. Ele ne încurajează să ne vedem rolurile dintr-o perspectivă mai largă, îndemnându-ne să promovăm o cooperare cosmică bazată pe respect și înțelegere. În acest fel, onorăm conexiunile profunde care mențin viața în echilibru și recunoaștem natura sacră a acestei călătorii universale.

Pe măsură ce continuăm să privim în afară și să explorăm orizonturi necunoscute, aceste percepții ne servesc drept faruri. Ele ne arată că viitorul poate aduce o unitate mai profundă și un scop comun între stele, inspirându-ne să tragem o cale care să valorizeze toate vocile, toate culturile și toate scânteile de viață. Acesta nu este un vis despre lumi îndepărtate, ci o chemare să reflectăm asupra propriului nostru loc într-un univers care ne invită să ne conectăm, să creștem și să trăim în armonie.

Capitolul 19: Provocări și conflicte

Când privim dincolo de lumea noastră și observăm alte civilizații răspândite printre stele, apare o adevăr surprinzător. Problemele și luptele cu care se confruntă acestea nu sunt simple obstacole sau certuri. Ele devin oportunități de creștere și învățare care depășesc mintea, atingând spiritul. Poveștile vizionarilor și ale celor care au intrat în contact cu aceste ființe ne invită să regândim semnificația provocărilor. În nenumărate lumi, dificultățile pot părea amenințătoare pentru existență, dar fac parte dintr-un proces mai mare: o șansă de a evolua împreună, de a crește și de a ne transforma.

Imaginați-vă un loc în care mediul se schimbă brusc sau resursele devin rare. În loc să intre în panică sau disperare, oamenii fac față acestor schimbări cu calm și determinare. Se adună în comunități, unindu-și forțele și sprijinindu-se reciproc. Nu este vorba doar de supraviețuire. Este vorba de a face parte dintr-o istorie mai mare, în care fiecare provocare le modelează sufletul colectiv. Ei au resurse — atât spirituale, cât și tehnologice — care îi ajută să se adapteze, uneori în moduri pe care noi abia le putem înțelege. Remarcabil este faptul că ei sunt dispuși să vadă problemele nu ca pe niște pedepse sau blesteme, ci ca pe niște invitații. Invitații care deschid noi uși către înțelegerea naturii, a sinelui și a legăturilor care îi unesc.

Conflictele apar. La urma urmei, viața este plină de diferențe, de la idei la nevoi, trecând prin emoții. Cu toate acestea, modul în care aceste ființe se confruntă cu divergențele este, de asemenea, revelator. Nu este vorba de simple discuții sau lupte pentru putere. Ei se cufundă în dialog, în conversații reale conduse cu deschidere și empatie. Sunt tehnologii care duc gândurile direct în minți, energii care calmează și clarifică, instrumente care transformă fricțiunile în armonie. Este un dans al respectului și al conexiunii, un efort conștient de a vindeca diviziunile și de a construi legături mai puternice. Conflictul devine un trampolină, ducându-i la o înțelegere mai clară și la o compasiune mai profundă. Imaginați-vă că luptați mai puțin pentru a câștiga și mai mult pentru a crește împreună.

Este imposibil să nu observați accentul pus pe munca în echipă. Aceste povești vorbesc despre societăți în care problemele nu sunt purtate singure, ci împărtășite. Provocările devin puncte de întâlnire, o șansă pentru oameni să ofere ceea ce au — idei, ajutor, perspective — și să construiască un tablou mai mare. Rezolvarea problemelor în comun devine aproape sacră. Aceste momente creează legături și reamintesc tuturor că bunăstarea individului este indisolubil legată de bunăstarea comunității și, mai mult, de cea a cosmosului însuși. În aceste culturi, nimeni nu parcurge acest drum singur. Fiecare mână întinsă, fiecare voce ridicată ridică întregul grup. Înfruntarea dificultăților împreună alimentează evoluția, trezind o creștere atât personală, cât și colectivă.

Cu toate acestea, aceste provocări transcend simpla supraviețuire a comunității sau preocupările locale. Pentru unele dintre aceste civilizații, depășirea lor le leagă de ceva vast și semnificativ. Ele văd adversitatea ca pe un fir care leagă toată viața. Când se confruntă cu dificultăți, ele celebrează și reziliența, împărtășind poveștile lor și transmitând înțelepciunea ca un foc viu. Acest proces devine o formă de conexiune profundă, nu doar între ei, ci și cu misterele universului. Practicile spirituale și modelele sociale susțin această conexiune, creând spații bogate în care lecțiile și resursele curg liber. A face față conflictelor nu înseamnă doar a rezolva o problemă, ci a te alinia la dansul cosmic mai mare, permițând energiei și înțelepciunii să curgă în moduri care hrănesc creșterea și echilibrul.

Explorarea și descoperirea alimentează, de asemenea, răspunsul lor la provocări. Aceste civilizații nu văd adesea obstacolele ca pe niște fundături, ci ca pe niște puzzle-uri în continuă schimbare care trebuie dezlegate. Fiecare dificultate aduce o nouă șansă de a vedea noi adevăruri, de a redefini ceea ce este posibil. Tehnologiile și instrumentele spirituale se îmbină armonios, permițând crearea de soluții surprinzătoare și elevate. Implicarea în probleme devine astfel un act de expansiune a conștiinței, care rupe vechile viziuni și deschide mințile către noi perspective. Această căutare nesfârșită îi învață să gândească diferit și să fie atenți la noi forme de existență.

Atât de multe povești despre lumi dincolo de a noastră ne îndeamnă să regândim adversitățile de aici, de pe Pământ. Ele ne reamintesc că problemele nu sunt doar poveri de purtat, ci momente care ne modelează atât individual, cât şi ca comunitate. Aceste viziuni ne încurajează să avansăm către un mod de viaţă mai conectat, atât cu ceilalţi oameni, cât şi cu întreaga viaţă. Luptele cu care ne confruntăm pot deveni o cale către unitate și o înțelegere mai profundă dacă le îmbrățișăm ca parte a ceva mult mai mare.

Pe măsură ce continuăm să privim în afară și să atingem stelele, aceste povești ne vorbesc în mod clar și simplu. Ele ne dezvăluie că viața, în toate formele sale, conține lecții infinite în provocările pe care le prezintă. Prin aceste lecții, putem întrezări un viitor în care armonia nu este un vis, ci o practică: o viață împărtășită pe deplin cu ceilalți și cu vastul cosmos căruia îi aparținem.

Capitolul 20: Viitorul vieții interplanetare

Imaginați-vă un viitor în care viața se extinde mult dincolo de limitele Pământului, ajungând la alte planete, stele și chiar dimensiuni pe care abia le înțelegem astăzi. Nu este vorba doar de călătoria în spațiu, deși aceasta face parte din ea. Este vorba de o schimbare profundă a modului în care ființele se înțeleg pe sine și pe ceilalți. Nu este vorba doar de mașini și tehnologie avansată, ci de propria conștiință care crește și țese noi forme de viață, de existență și de relaționare la scară cosmică. Gândiți-vă la asta ca la o mare desfășurare, nu ca la un rezultat fix modelat de standardele pe care le cunoaștem, ci ca la o istorie vie și pulsantă în care fiecare nouă pagină aduce surprize și schimbă întreaga narațiune.

Mulți dintre cei care au atins experiențe dincolo de obișnuit — acești vizionari și contactați — descriu un univers vibrant de conexiuni. Ei descriu un viitor în care ființe născute din stele diferite și chiar din tărâmuri nemateriale se unesc nu ca colonizatori sau invadatori, ci ca membri ai unei comunități construite pe baza respectului reciproc, a iubirii și a unui scop comun. Este mai puțin despre granițe și mai mult despre punți. Comunicarea telepatică este adesea menționată, nu doar între indivizi, ci și ca o formă de a atinge o minte sau o inimă colectivă care pulsează cu înțelepciune cosmică. Conversațiile au loc dincolo de cuvinte, curgând ca valuri prin vasta mare a conștiinței comune. Această armonie creează spații în care cunoașterea, energia și bunătatea curg fără efort, favorizând o creștere mult dincolo de ceea ce am văzut până acum.

Tehnologia devine, de asemenea, mult mai mult decât simple instrumente sau mașini. Ea evoluează pentru a funcționa împreună cu mediul fiecărei planete, integrându-se în mod natural în viața locală, în loc să o domine. Aceste invenții se bazează pe energii durabile și, adesea, accesează straturi ale realității care depășesc fizicul. Imaginați-vă nave spațiale care nu sunt propulsate de combustibil, ci de câmpuri de energie țesute de spațiul însuși, care permit călătorii rapide și line pe distanțe imense. Tehnologiile de vindecare ajută ființele să-și restabilească echilibrul și vitalitatea, iar dispozitivele deschid ferestre către alte dimensiuni sau realități. Fiecare instrument reflectă valorile civilizației care l-a creat.

Ceea ce iese în evidență în multe dintre aceste povești este spiritul de colaborare, nu de competiție. Lumi diferite, specii diverse și dimensiuni multiple împărtășesc ceea ce știu și își unesc resursele pentru a atinge obiective comune. Există o calitate sacră în această cooperare, o înțelegere că fiecare participant oferă talente unice care îmbogățesc întregul. Când ființele lucrează împreună, nu este vorba doar de practicitate, ci de o formă de comuniune. Sistemele sociale și rețelele de comunicare facilitează integrarea acestor perspective variate și descoperirea de noi soluții care beneficiază pe toți, nu doar pe unii. Această atitudine schimbă modul în care vedem progresul. În loc ca o cultură să-și impună voința, toate vocile sunt ascultate și toate contribuțiile sunt importante.

Mai mult, ideea de unitate se extinde și mai mult. Viața interplanetară nu este văzută ca interacțiuni izolate sau ceva ce trebuie cucerit. Ea înflorește într-un dans cosmic al relațiilor, o celebrare a existenței înseși. Practicile spirituale susțin această viziune, ghidând comunitățile să împărtășească nu doar bunuri și cunoștințe, ci și experiențe transformatoare și înălțătoare. În centrul acestor tradiții se află conștiința că cooperarea conectează ființele la fluxul divin mai mare — forța vitală care pătrunde întregul univers. Acest flux oferă energie, intuiție și oportunități de creștere, ridicând toată viața spre echilibru și armonie.

Explorarea continuă să fie vie și bine. Nu este vorba doar de cartografierea terenurilor sau de vizitarea de locuri noi, ci de o călătorie interioară și exterioară. Fiecare contact oferă șansa de a-ți lărgi mintea și inima, de a te privi cu ochi noi și de a descoperi noi moduri de a fi. Cu practici și tehnologii avansate care susțin aceste căutări, fiecare pas înainte deschide uși către noi perspective. Curiozitatea devine un impuls cosmic, care determină civilizațiile nu doar să supraviețuiască, ci să evolueze continuu prin relațiile lor interstelare.

Când luăm în considerare aceste posibilități viitoare, devine evident că universul este mult mai mare decât ne putem imagina. Acest lucru ne amintește că creșterea are loc în multe dimensiuni: a gândirii, a spiritului și a comunității. Poate că cel mai important lucru este că aceste viziuni ne reamintesc de propriul nostru rol în istoria mai mare. Această invitație ne face să ne gândim la viitor nu ca la o destinație îndepărtată, ci ca la un drum pe care îl modelăm împreună. O cale pe care respectul, conexiunea și iubirea ne ghidează la fel de mult ca invenția și descoperirea.

Viitorul vieții dincolo de Pământ pare să depindă atât de deschiderea inimii și a minții, cât și de traversarea distanțelor. Ne invită să devenim ființe capabile să ne amintim de unitate, chiar și atunci când suntem împrăștiați printre stele. Ne invită să onorăm sacralitatea prezentă în toate formele de viață și în însăși dansul schimbării cosmice. În cele din urmă, aceste viziuni nu numai că ne oferă speranță, ci ne și cheamă să co-creăm un viitor țesut din lumină și înțelepciune împărtășite și să celebrăm misterul care se desfășoară în jurul nostru.

Glosar

Adaptare: proces prin care organismele se ajustează la mediul lor, implicând adesea evoluție biologică, culturală și tehnologică pentru a supraviețui în condiții diverse și provocatoare.

Artă și muzică: expresii creative care transcend formele tradiționale și, adesea, încorporează comunicarea telepatică, câmpurile energetice și experiențele multidimensionale, cu scopul de a promova conexiunea și creșterea spirituală.

Câmpuri energetice: forțe sau vibrații invizibile care pătrund universul și sunt folosite pentru vindecare, comunicare și progres tehnologic.

Civilizații extraterestre: societăți originare de pe alte planete decât Pământul, caracterizate prin adaptări biologice, sociale și spirituale unice la mediul lor.

Comunitate: grup de ființe care trăiesc în cooperare, caracterizat prin resurse comune, sprijin reciproc și un profund simț al conexiunii și al scopului.

Conștiință colectivă: o conștiință comună sau o conexiune mentală între ființe care permite comunicarea telepatică și promovează un sentiment de unitate și interconectare.

Conștiință: stare de conștiință și creștere spirituală explorată adesea prin meditație, telepatie și alte practici avansate pentru a atinge un nivel mai înalt de înțelegere și unitate.

Cooperare: practica de a lucra împreună în mod armonios, punând accentul pe sprijin reciproc, obiective comune și bunăstarea colectivă în detrimentul câștigului individual.

Vindecare: proces de restabilire a echilibrului și a bunăstării, care implică adesea tehnologii avansate, practici spirituale și sprijin comunitar.

Dans cosmic: expresie metaforică care reprezintă mișcarea interconectată și armonioasă a vieții și a energiei în întregul univers.

Diversitate biologică: varietate de forme de viață și adaptări biologice întâlnite pe diferite planete, adesea modelate de condiții de mediu unice și traiectorii evolutive distincte.

Echilibru: stare de armonie și echilibru intern, social și de mediu, adesea căutat prin practici spirituale, tehnologie și viață comunitară.

Explorare: actul de a căuta noi cunoștințe, experiențe și conexiuni în universul fizic și în tărâmurile interne ale conștiinței.

Armonie: stare de existență echilibrată și pașnică, adesea atinsă prin practici spirituale, viață comunitară și respect pentru toate formele de viață.

Inovație: dezvoltarea de noi idei, tehnologii și practici care îmbunătățesc viața, conștiința și progresul social.

Interacțiuni de mediu: relația dintre ființe și mediul lor natural, cu accent pe sustenabilitate, respect și armonie cu ecosistemele planetei.

Interconectivitate: starea de a fi profund conectat, adesea prin telepatie, câmpuri energetice comune și un sentiment de unitate cu toată viața.

Practici spirituale: activități și ritualuri menite să promoveze creșterea spirituală, conexiunea și armonia, implicând adesea meditație, telepatie și lucru energetic.

Scop: un sens al semnificației și direcției în viață, adesea asociat cu creșterea spirituală, bunăstarea comunității și căutarea armoniei și echilibrului.

Realități multidimensionale: existența mai multor straturi sau dimensiuni ale realității, adesea explorate prin practici spirituale și tehnologii avansate.

Relații interplanetare: conexiuni și interacțiuni între diferite civilizații planetare, caracterizate prin cooperare, împărtășirea cunoștințelor și respect reciproc.

Sisteme culturale: sunt diversele forme de viață, tradiții și practici care definesc societățile de pe diferite planete și care, adesea, reflectă mediile lor unice și credințele spirituale.

Sustenabilitate: practica de a trăi în armonie cu mediul înconjurător, asigurând utilizarea responsabilă a resurselor și conservarea ecosistemelor planetei.

Tehnologii avansate: instrumente și sisteme inovatoare care se integrează în mediile naturale, adesea incorporând surse de energie durabile și realități multidimensionale pentru a susține viața și conștiința.

Telepatia: este capacitatea de a comunica cu alte minți, transmițând gânduri, sentimente și idei în mod direct, și este adesea utilizată pentru a facilita conexiuni profunde și înțelegerea reciprocă.

Unitate: este o stare de interconectare care pune accentul pe bunăstarea colectivă și armonia tuturor formelor de viață.

Valori morale: principii și etică care ghidează comportamentul și normele sociale, punând accentul pe bunătate, onestitate și bunăstarea comunității.

Viață extraterestră: viață originară de pe alte planete în afara Pământului, cuprinzând o gamă largă de forme biologice, societăți și practici spirituale adaptate mediilor lor unice.

Cerere de recenzie de carte

Dragă cititorule,

Îți mulțumim că ai cumpărat această carte! Mi-ar plăcea să primesc vești de la dumneavoastră. Scrierea unei recenzii de carte ne ajută să ne înțelegem cititorii și, de asemenea, influențează deciziile de cumpărare ale altor cititori. Opinia dumneavoastră este importantă. Vă rugăm să scrieți o recenzie de carte! Bunăvoința dumneavoastră este foarte apreciată!

Scris tot de autor

1. Alien Worlds: Biology, Society, and Spirituality Beyond Earth
2. Awakening the Inner Master: Rosicrucian Secrets to Wisdom and Inner Alchemy
3. Beyond the Surface: Finding Meaning in a Complex World
4. Broken to Blessed: Timeless Biblical Stories of Redemption and Hope
5. Children of the Stars: Humanity's Next Chapter
6. Decoding the Matrix: Finding Freedom in a Fabricated Reality
7. Embrace the Sting: Transforming Envy into Empowerment
8. Golden Dawn: The Alchemist's Guide to Inner Wisdom and Ritual Magic

9. Hidden Hooks: How Stories Snare Our Minds and Move Our World
10. Is Reality Real? Exploring the Mysteries of Physics and Philosophy
11. Masonic Keys: Unlocking Life's Design
12. Mind Unlocked: The CIA's Secret Guide to Shaping Reality
13. Scientology: Core Beliefs, Controversies, and the Quest for Clarity
14. Starborn Legacy: Humanity's Ancient Connection to Interstellar Life
15. Starfed: Alien Wisdom for Vibrant Living
16. Starlit Paths: Lessons from Beyond for Humanity's Rise
17. The Aligned Self: Integrating Ancient Chakra Wisdom into Modern Life
18. The Exorcist's Secret: How to Find Peace in a World of Unseen Conflict
19. The Hidden Kingdom: Jesus' Wisdom for a Transformed Life
20. The New Human: Evolving with Alien Wisdom
21. The Serpent's Gift: How Forbidden Knowledge Shaped

Despre editor

Această carte a fost publicată de Editura 22 Lions Publishing.

www.22Lions.com

www.ingramcontent.com/pod-product-compliance
Lightning Source LLC
LaVergne TN
LVHW051122051026
849532LV00004BB/1645
9798330331420